ADHD
2.0

사랑하는 아내, 딸, 손주들에게

- J. J. R

죽는 순간까지 우리를 사랑으로 핥아대며 재롱을 피우던 삐삐, 허니, 지기에게.

그리고 오늘도 우리를 모든 면에서 사랑하는 살아 있는 레일라와 맥스에게.

신(God)의 철자를 뒤집으면 개(Dog)인 것은 우연이 아닐 것이다.

- E. M. H

ADHD 2.0

에드워드 할로웰 • 존 레이티 지음 | 장석봉 옮김 | 이슬기 감수

1판 1쇄 펴낸날 2022년 9월 20일 | 1판 3쇄 펴낸날 2024년 9월 20일
펴낸곳 녹색지팡이&프레스(주) | 펴낸이 강경태 | 등록번호 제16-3459호
주소 서울시 강남구 테헤란로86길 14 윤천빌딩 6층(우)06179 | 전화 (02)3450-4151 | 팩스 (02)3450-4010

ADHD 2.0

ISBN 979-11-86552-78-0   03400

ADHD
2.0

에드워드 할로웰·존 레이티 지음 | 장석봉 옮김 | 이슬기 감수

녹색지팡이

| 차례 |

| 머리말 |

우리는 1994년에 《주의 산만(Driven to Distraction)》이라는 책을 썼
다. 대부분의 사람들이 한 번도 들어보지 못했거나 들어보았더라도
거의 알지 못하던 증후군을 일반인들에게 소개하는 책이었다.

주의력결핍 장애(attention deficit disorder), 줄여서 ADD라고 불리
는 증후군이다. 우리 두 저자 모두 ADD 장애가 있었기 때문에 자신
의 경험을 바탕으로 설명할 수 있었다. 우리는 독자들에게 이 증후군
이 왜 문제가 되는지, 그리고 그것과 함께 산다는 것이 어떤 느낌인
지를 설명해 줄 수 있었다. 게다가 둘 다 이 분야에 종사하는 정신 의
학과 의사로서, 입수 가능한 정보와 성과들을 바탕으로 오랫동안 연
구해 왔다. 덕분에 우리는 ADD를 가지고 있는 사람들을 양육하거나
이런 사람들과 결혼할 때 주의할 점, 그리고 치료법에 관한 책도 이미
일곱 권 썼다.

하지만 이 책을 쓰고 있는 지금, 우리가 처음 공동 작업을 시작한
지도 25년이 흘렀고 상황은 완전히 달라졌다. 대부분의 사람들이

ADD에 대해 들어 보았고, 자기 자신은 아닐지라도 학교 친구나 직장 동료 혹은 배우자 등 ADD로 고생하고 있는 사람을 한두 명 쯤은 알고 있다. 교육 현장의 교사나 행정가들은 이 문제를 심각하게 받아들이고 있다. ADD로 진단 받지 않은 (또는 적절하게 관리되지 못한) 아이들은 교실에서 사소한 문제를 일으키지만, 그들 자신의 잠재력을 충분히 발휘하지 못하기 때문이다. 현재 ADD란 용어는 가벼운 실수에 대한 변명으로 사용되기도 한다. "내가 ADD라서……."라는 말은 뭔가 깜빡하거나 덜렁거렸거나 변덕스러운 행동을 했을 때 두루뭉술하게 넘어가기 위해 자주 쓰인다. 실제로 ADD로 진단을 받았느냐는 별개이다.

또 다른 변화: '과잉행동(hyperactivity)'이란 단어가 추가되면서 약어 ADD가 ADHD로 바뀌었다. 실제 생활에서 겪는 경험의 진폭을 좀 더 정확하게 반영하기 위해서였다. 이 책에서는 좀 더 현대적이고 공식적인 용어 'ADHD(attention deficit/hyperactivity disorder, 주의력 결핍 과잉행동 장애)'를 사용하기로 한다.

그러나 더 보편적으로 쓰이게 된 ADHD라는 용어에도 우리를 힘 빠지게 만드는 것이 여전히 남아 있다. 지금도 대부분의 사람들은 ADHD 증상이 얼마나 광범위하고 강력하고 또 복잡한지를 이해하지 못한다. 게다가 ADHD에 관해 우리가 얼마나 더 많이 알게 되었는지 그리고 치료법이 얼마나 획기적으로 발전했는지 제대로 알지 못한다. 사람들은 부정확하고 불완전한 정보를 통해 단편적인 인상만을 가지고 있을 뿐이다. 이러한 오해는 수백만 명에게 피해를 주고 있으며, 그들이 적절한 도움을 받는데도 방해가 되고 있다. ADHD 세계에서 이러한 무지는 여전히 가장 큰 공공의 적으로 남아 있다.

예를 들면 많은 사람들이 이 증상은 아동기에만 나타나는 것이고, 자라면서 나아질 것이라고 여긴다. 실제로는 아동기에 ADHD 진단을 받았다면, 나이가 들면서 문제가 저절로 사라지지는 않는다. ADHD는 아이들에게 만큼이나 성인에게도 문제가 된다. 나이가 들면서 증상이 사라진 것처럼 보이는 사람들이 있을지라도 사실은 장애를 가지지 않은 것처럼 행동하는 법을 몸에 익힌 것일 뿐이다. 우리는 ADHD가 성인기에 처음으로 나타날 수 있다는 것도 알고 있다. 살아가면서 자신의 대처 능력을 초과하는 요구를 받을 때 흔히 발생한다. 첫 아이를 낳은 여성, 이제 막 의대에 들어간 학생들처럼 말이다. 두 경우 모두 일상생활에서 조직적 요구가 급상승한다. 그래서 이전 생활에서 드러나지 않던 ADHD 증상들이 나타난다. 이 경우 ADHD라고 진단할 수 있고, 반드시 진단을 받아야만 한다. 실제로 성인기에 발병하는 ADHD는 정신 장애를 다루는 두꺼운 책인 《정신질환 진단 및 통계 편람(Diagnostic and Statistical Manual, DSM.이 편람의 5차 개정판이 DSM-5이다.)》에서 정식으로 다뤄지고 있다.

ADHD가 실은 제약 회사들이 최신 의약품을 판매할 목적으로 있지도 않은 증세나 병을 만들어낸 것이라고 믿는 사람들도 있다. 하지만 사실은 그렇지 않다. 돌팔이 약장수들 때문에 몇몇 약품과 관련해 실제 효능이나 원리에 대한 오해가 오랫동안 퍼져나간 일이 있긴 하지만 말이다.

ADHD란 용어는 게으름을 뜻하는 번지르르한 말일 뿐이며, 그래서 ADHD를 가진 사람들에게는 옛날식의 엄격한 훈육이 필요하다고 말하는 사람들도 있다. 사실 '게으르다'는 말은 너무도 부정확한 말이다. ADHD인 사람의 마음은 사실 늘 분주하다. ADHD인들이 어떤 일에 꽤나 마음을 쓴 것이 늘 좋은 성과로 이어지지는 않지만, 이는 집중력이나 에너지가 부족하기 때문이 아니다.

특히 많은 사람들이 ADHD에 대해 흔히 오해하는 것은 이 심각한 문제를 아주 소수의 사람들만이 겪는 소소한 문제로 여기는 것이다. 이건 엄청난 오해다!

무엇보다도 ADHD 유병률은 최소한으로 잡아도 전체 인구의 5퍼센트에 이른다. 하지만 우리는 그 수가 더 많을 것이라고 생각한다. 왜냐하면 일상생활을 잘해나가고 있는 것처럼 보이는 사람들(하지만 더 잘해나갈 수도 있을 사람들)은 굳이 진단을 받지 않기 때문이다. ADHD를 제대로 진단할 수 있는 전문가의 수가 상대적으로 부족하다는 점도 환자 수가 적게 나오는데 한몫하고 있다. 빛처럼 빠른 속도로 정보에 접근할 수 있고, 순식간에 들어왔다 사라지는 자극들(도처에 넘쳐나는 이미지, 소리, 데이터)로 인해, 현대인들은 사실상 누구나 '다소간 ADHD를 가지고 있다.'는 말이 그럴듯하게 들리기도 한다. 현대인들은 과거 어느 때보다도 주의도 산만해지고 건망증도 심해지고 집중력도 떨어져 있다. 현대인들의 이러한 특이한 증상들을 설명하는 새로운 용어가 실제로 있다. 이에 대해서는 1장에서 설명할 것이다.

ADHD에 대한 무지로 누군가는 목숨을 잃을 수도 있다. 과장이 아니다. 문자 그대로 재앙이 될 수도 있다. ADHD는 가혹한 매질, 평생에 걸쳐 끝없이 이어지는 시련이자, 뛰어난 재능을 가진 사람이 끝내 성공하지 못하고 좌절, 수치심, 실패, 조롱 속에 절뚝이며 살게 만든다. 그리고 더 힘겹게 노력하라고, 프로그램을 받아들이라고, 또는 어떤 다른 방식이라도 개선될 방법을 찾으라는 다른 사람들의 야유 속에 살아야 하는 이유이기도 하다. 그리고 그것은 자살, 온갖 종류의 중독, 범죄 행위(교도소에는 ADHD이지만 제대로 진단받지 못한 사람들로 가득하다.), 위험할 정도로 폭력적인 행동, 그리고 이른 죽음으로 이어지기도 한다.

이 분야의 최고 권위자 중 하나인 심리학자 러셀 버클리는 통계를 통해 이 점을 잘 보여주고 있다.

공중 보건 측면에서 ADHD는 매우 심각한 수명 단축 요인이다. 예를 들면, 흡연은 평균 수명을 2년 3개월을 단축시키고 하루에 1갑 이상을 피우면 약 6년 6개월의 수명이 단축된다. 당뇨병이나 비만은 2~3년의 수명을 단축시킨다. 혈중 콜레스테롤의 상승은 9개월의 수명을 단축시킨다. ADHD는 미국인의 기대 수명을 단축시키는 상위 5개의 요인을 합친 것보다 더 나쁘다.

ADHD는 평균적으로 수명을 13년이나 단축시킨다. 버클리는 덧붙인다.

사고로 인한 부상, 자살 위험과 관련해서도 ADHD는 최상위의 요인이다. ADHD인 사람의 약 3분의 2는 기대 수명이 최대 21년까지도 단축되었다.

ADHD에 대해 지금 알고 있는 것과 최신 연구를 토대로 우리는 단호하고도 자신 있게 말할 수 있다. 이런 식으로 방치해서는 안 된다! ADHD에 대한 생각을 2.0 버전으로 업그레이드할 때이다.

첫 걸음을 떼기 위해서는 약의 도움이 필요하다. 버클리 박사는 이렇게 말한다.

ADHD는 정신 의학에서 치료 가능성이 가장 높은 장애이다. 우리는 많은 약을 가지고 있다. 그것들은 다른 장애의 치료에 쓰이는 그 어떤 약들보다 효과나 효능이 크고, 삶의 질을 크게 바꾸어 놓는다. 그리고 정신 의학에서 사용하는 가장 안전한 약들 중 하나이다.

약물 복용뿐 아니라 (또는 약물 복용과 병행해서) 우리는 당신이나 당신이 아끼는 누군가가 ADHD를 관리하는데 도움이 되는 행동 및 생활방식이 무궁무진함을 알리고 싶다. 운동을 통해 마음을 가라앉히고 집중력을 높이는 방법부터 ADHD를 가진 사람의 충동적이고 종잡을 수 없는 상상력을 완화시키는 방법, 또 적절한 도전 과제를 정확하게 찾는 방법, 마음이 활성화되기 위해 가장 적합한 작업이나 활동까지 정말 도움이 될 것들은 셀 수 없이 많다.

임상의로서 우리는 이러한 전략이 효과가 있고 우리 환자들의 삶을 바꾸는 것을 경험했다. 그리고 그 환자들 중 일부는 이 책에도 소개했다. (물론 사생활을 보호하기 위해 익명으로 처리했다.) 뇌를 스캔하는 기술의 놀라운 진보와 신경 정신 의학 연구자들의 열정 덕분에 이러한 전략들이 어떻게 효과적으로 작동하는지에 대해서도 더 분명하게 알게 되었다. 2장과 3장에서는 ADHD인 사람들의 뇌를 이해하기 위해 알아야 할 기초적인 지식을 설명할 것이다. 이것은 나머지 장들을 이해하기 위해서도 필요하다.

그런데 우리의 프로그램을 위해 무엇을 해야 하는지를 설명하기에 앞서, 먼저 '힘'이라는 말에 대해 살펴보는 게 좋겠다. 그렇다. ADHD는 너무도 많은 사람에게 괴로움과 불필요한 고통을 주는 강력한 힘이다. 하지만 그 힘을 제대로 활용하면 누가 가르치거나 어디서도 살 수 없는 재능을 이끌어낼 수도 있다. 그것은 창의력이나 예술적 재능의 원천이 되기도 한다. 그리고 독창적이고 다면적인 사고의 원천이기도 하다. ADHD로 인해 당신 혹은 당신 자녀들이 특별한 능력, 그야말로 초능력을 가질 수도 있다는 말이다. ADHD를 제대로 이해하고 그것을 자신의 것으로 만들면 그것은 상상을 뛰어넘는 성공의 발판, 당신의 가능성을 열어주는 열쇠가 되어줄 수도 있다. 앞서 말했듯이 우리는 진료를 하면서 이런 일을 매일 매일 본다.

우리는 매우 간단한 비유를 들어 ADHD를 아이들에게 설명한다. 이런 비유는 성인들에게도 통할 것이다. ADHD인 사람은 페라리 급의 엔진을 가지고 있지만, 브레이크의 강도는 자전거 급밖에 안 된다. 문제를 일으키는 것은 엔진 출력과 브레이크 성능의 불일치이다. 그러므로 우리가 할 일은 브레이크의 성능을 개선하는 것이다.

요컨대 ADHD는 제대로 이해하고 관리만 된다면 특별하고 강력한 자산, 선물이 될 수 있다. 물론 여기서 가장 중요한 말은 '제대로 이해하고'이다. ADHD를 어떻게 이해하느냐에 따라 우리는 ADHD로 인해 남들과 다르게 느끼고 행동하는 방식을 긍정적으로 느낄 수도 부정적으로 느낄 수도 있다. 이 책을 쓰는 주된 이유 중 하나는 당신 자신 혹은 당신이 돌보는 누군가를 돕기 위함이다. 즉 남들과는 다르다는 것을 이해하고 그 다름에 대해 좋은 느낌을 갖는 사람으로 만드는 것이다. 자신이 누군지를 아는 사람은 그런 자기를 더 쉽게 좋아할 수 있는 법이다. "아는 것이 힘이다."라는 말은 늘 상투적인 말에 불과했다. 이 변덕스러운 상태에 대한 최신의 지식으로 향하는 우리의 여행에 동참해 보기를 바란다.

1장
ADHD 증상의 스펙트럼

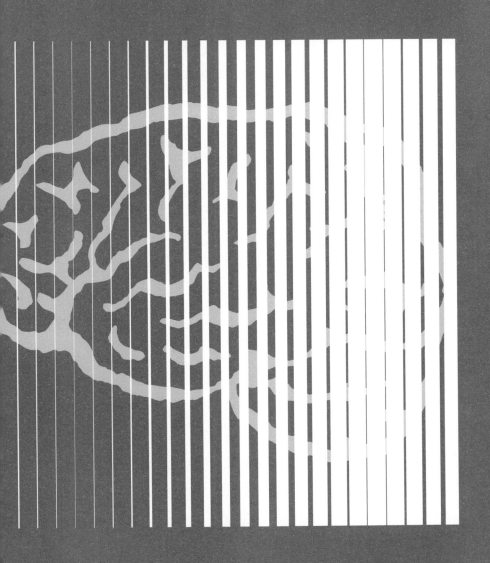

ADHD를 가진 우리는 도대체 어떤 사람일까?

정리정돈하고는 담을 쌓고 사는 우리는, 부모님을 완전히 돌아 버리게 만드는 문제아들이다. 뭔가를 제대로 끝맺을 줄도 모르고 방 청소나 설거지도 못한다. 그리고 주어진 일을 제대로 해내는 일도 드물다. 일을 끝마치지 못한 것에 대해 늘 변명거리를 늘어놓고 대부분의 일에 자신의 잠재력을 훨씬 못 미치는 결과물을 내놓는다. 우리는 우리가 어떻게 재능을 낭비하고 있는지, 특별하게 타고난 능력을 얼마나 낭비하고 있는지, 부모가 준 온갖 혜택을 왜 제대로 활용하지 못하는지 매일매일 잔소리나 듣는 아이이다.

우리는 일정을 지키지 못하고 마땅히 해야 할 일을 망각하고, 사회적으로 뭐가 무례한 일인지를 제대로 인식하지 못해 기회를 날리기 일쑤인 사람들이기도 하다. 우리는 단 한 번의 진단으로 중독자, 부적응자, 실업자, 범죄자로 낙인찍혀 상태를 호전시킬 치료조차 받지 못하는 경우도 많다. 1954년의 고전 영화 《워터프론트》에서 말런 브랜도가 한 말 "나도 챔피언이 될 수 있었어."에 딱 어울리는 사람이 바로 우리이다. 우리 대부분은 챔피언이 될 수 있다. 아니 분명 그렇게 되어야만 한다.

하지만 우리는 성공할 수도 있다. 정말 그럴 수 있다! 우리는 회의에서 참신한 아이디어를 내 주위의 시선을 한 몸에 받는 사람이 될 수도 있다. 많은 경우 우리는 '아직 능력을 제대로 발휘하지 못했지만' 적절한 도움을 받으면 재능이 발현되어 성적은 들쑥날쑥하더라도 결국은 믿을 수 없을 정도로 놀라운 성공을 하는 경우도 많다. 우리는 멋진 도전자이자 승자이다.

우리는 또한 열정적이며 상상력도 풍부한 교사, 설교자, 서커스의 어릿광대, 스탠드업 코미디언, 군인, 발명가, 사상가, 트렌드 세터이기도 하다. 우리 중에는 자수성가형 억만장자도 있다. 퓰리처상, 노벨상, 아카데미상, 토니상, 에미상, 그래미상 수상자도 있다. 최고 수준의 변호사, 뇌신경의사, 선물 중개인, 투자 은행가도 있다. ADHD인 성인 환자들 중에는 이미 창업했거나 창업하기 위해 노력하는 사람들도 아주 많다. 스트레티직 코치라는 창업 지원 회사의 소유자이자 운영자인 댄 설리번(이 사람도 ADHD 환자이다!)은 자신의 고객 중 최소 절반이 ADHD인 사람들이라고 추정한다.

ADHD인 사람의 외양은 다른 사람과 하나도 다르지 않아 보이고, 그래서 우리의 상태는 눈에 보이지 않는다. 하지만 우리의 머릿속을 들여다 볼 수 있다면 전혀 다른 풍경을 보게 될 것이다. 마치 팝콘 기계 안 알갱이들처럼 시도 때도 없이 아이디어들이 이리저리 툭툭 튀어 오른다. 아이디어는 자연스럽게 아무렇게나 떠오른다. 이 특별한 팝콘 기계는 마음대로 끌 수 없어 아이디어가 밤에 떠오르는 걸 막기도 힘들다. 우리의 뇌는 결코 쉬지 않는 것처럼 보인다.

실제로 우리의 정신은 여기에도 가 있고 저기에도 가 있고, 동시에 여기저기에 가 있기도 하다. 우리의 정신은 꿈결에서 생겨나듯 불현듯 나타난다. 즉 멋진 유람선을 탈 천금같은 기회를 놓치는 일도 많다는 뜻이다. 하지만 그 대신 우리는 비행기를 만들거나 스카이콩콩을 탈 수도 있다. 취업 면접 도중 정신 줄을 놓아 취직을 못하는 일이 벌어지기도 하지만, 면접자 대기실에 붙은 포스터를 보다가 특허로 이어질 수 있는 새로운 발명 아이디어를 떠올릴 지도 모른다. 상대방의 이름이나 약속을 까먹어 사람들을 화나게 하기도 하지만, 다른 사람들은 알지 못할 걸 알아내 성공을 거둘 수도 있다. 우리는 몸에 박힌 총알을 고통 없이 빼내는 방법을 알아내려고 자기 발에 총을 쏘는 사람이다. "때로는 아무것도 아니라고 생각했던 사람이, 아무도 생각할 수 없는 일을 해낸다."는 천재 수학자 앨런 튜링의 말은 딱 우리 같은 사람들에 해당하는 말이다.

즉, ADHD는 훨씬 더 다채롭고 복잡하고 역설적이고 위험하지만, 대중들이 흔히 단순화시켜서 생각하는 것이나, 심지어 상세한 진단 기준에 비추어 볼 때도 당신이 생각하는 것보다는 유리하게 작용할 면이 많이 있다. 'ADHD'는 세계 안에서 존재하는 방식을 설명하는 용어이다. 그것은 전적으로 무질서한 것도 아니고 100퍼센트 자산만도 아니다. 그것은 특별한 종류의 정신에 깃든 특성들의 배열이다. 그것은 어떻게 다루어지냐에 따라 확실한 장점도 될 수 있고 아니면 영원한 저주가 될 수도 있다.

미치광이, 연인, 그리고 시인

ADHD는 사람마다 다르게 나타날 수 있지만 ADHD인 사람에게는 거의 보편적으로 보이는 몇 가지 성질이 있다. 고전적으로는 산만함, 충동성, 변덕으로 설명하지만 그보다는 훨씬 다층적이며 오히려 셰익스피어가 '미치광이, 연인, 그리고 시인'에 대해 말한 것에 더 가깝다고 할 수 있다. (셰익스피어의 희곡 《한여름밤의 꿈》 속의 구절. 미치광이,

연인, 시인은 상상력으로 이루어져 있다고 한다._옮긴이)

ADHD가 있다고 해서 머리가 이상한 것은 아니니 '미치광이'라는 말은 과한 말일지도 모른다. 하지만 위험을 과도하게 무시하거나 비합리적으로 사고를 하는 것은 ADHD적 행동과 밀접하게 관련되어 있다. 우리는 비합리를 좋아한다. 우리는 불확실한 상황에 익숙하다. 우리는 다른 사람들이 걱정하는 상황에 오히려 편안함을 느낀다. 우리는 우리 자신이 어디에 있는지, 어느 방향으로 가고 있는지 모를 때 편안하다. ADHD인 10대 자녀를 둔 부모들이 탄식하며 흔히 하는 말은 이 점을 잘 설명해 주고 있다. "도대체 무슨 생각을 한 거야? 정신이 딴 데 가 있는 게 틀림없어!" 마찬가지로 우리의 배우자들은 이렇게 묻는다. "도대체 왜 멍청한 짓을 허구한 날 반복하는 거야? 미친 거 아냐?"

'관습에서 벗어난 사람'이라고 말하는 사람들도 있지만, 이는 핵심을 놓친 말이다. 우리는 다른 사람들과 다르게 행동하는 걸 선택하는 게 아니다. 우리가 따르지 않는 표준이라는 게 무엇인지조차 모른다!

ADHD인 사람들은 고삐 풀린 낙관주의적 경향이 있다는 의미에서 연인이라고 할 수 있다. 마음에 들지 않는 일에 자신을 맞추는 일도 없고, 원하지 않는 일을 기회라고 여긴 적도 없고, 원하지 않는데 가능성이 있다고 일을 잡아본 적도 없다. 우리가 무한한 가능성이라고 보는 것을 다른 사람들은 그저 한계로만 본다. 연인은 자제를 잘 하지 못한다. 그리고 자제를 잘 못한다는 것이 바로 ADHD인 사람들의 중요한 특징이다.

시인은 창조적이고 공상적이고 가끔은 음울하다. 이 세 가지 단어는 시인의 특징을 잘 설명한다.

'창조적'이라는 말을 ADHD와 관련해서 보면, 그건 생활의 많은 부분에 -예를 들면 어떤 과업이나 아이디어, 음악, 모래성 같은 것- 상상력을 자주 그리고 깊게 투여하게 만드는 타고난 능력이나 욕구, 혹은 억제할 수 없는 충동 같은 걸 뜻한다. ADHD인 사람들은 실제로 늘 무언가를 창조하고 싶어 한다. 언제나 뭔가 근질거림 같은 것을 느끼는 것이다. 우리가 알고 있든 그렇지 않든, 이런 이름 모를 욕구는 우리 곁을 결코 떠나지 않는다. 나침반 바늘이 북쪽을 가리키듯 새로운 것을 만들어내려는 욕구는 우리를 추동시키고, 우리의 마음을 사로잡고, 현재를 사로잡고, 어떤 창조에 집착하도록 만든다.

깨어있을 때조차 우리는 꿈을 꾼다. 우리는 진흙 파이를 호박 사과 시폰 파이로 만들 방법을 항상 창조하고 항상 갈구한다. 우리의 상상력은 그 소음이 도대체 무엇이었는지, 바위 밑에 무엇이 있었는지 혹은 자리를 떴을 때 페트리 접시 상태가 달라진 이유를 알아내려는 호기심을 자극한다. 꿈이나 호기심이 이토록 많지 않다면, 우리도 궤도에 머물 수 있고 산만하지 않을 수 있을 것이다. 하지만 우리는 소음, 흙, 페트리 접시를 조사한다. 이것이 우리의 상태가 '결핍'이라는 부적절한 이름으로 불리는 이유이다. 사실 우리는 주의력결핍에 시달리지 않는다. 오히려 그 반대이다. 우리는 주의력 '과잉'이다. 우리가 대처할 수 있는 것보다 훨씬 많은 주의력이 있다. 우리가 끊임없이 직면해야 할 도전은 그것을 통제하는 것이다.

'음울한' 것을 말하자면 ADHD는 특별한 축복이자 동시에 쓰디쓴 저주이다. 당신에게는 비전이 있다. 당신은 어쩌면 절대로 무뎌지지 않는 칼갈이를 만드는 신기술을 고안해 낼 수도 있다. 어쩌면 완벽한 소설을 위한 플롯을 짰다고 생각할 수도 있다. 당신의 비전이 무엇이든 당신은 지금껏 없던 무언가를 만드는 일에 열정적으로 매달릴 것이다.

하지만 당신이 창조한 것은 이내 당신을 실망시킬 것이다. 실망만이 아니다. 갑자기 끔찍하고 혐오스러워 최악이라는 느낌에 빠지고 절망하게 된다. 그다음, 이번에도 마찬가지로 갑자기 어디선가 비전이 다시 찾아온다. 당신에게 다시 영감이 떠오르고, 당신은 그것을 볼 수 있다. 당신은 그것을 바라고, 그것에 저항할 수 없다. 다시 또 시도해야 한다. 꿈을 꾸고, 창조를 하다 어쩌면 다시 또 음울해진다.

미치광이, 연인, 시인. 이 세 가지 캐릭터처럼 우리는 확실히 지루함을 참지 못한다. 초능력을 가진 슈퍼맨이 크립토나이트를 보면 모든 힘을 잃고 무력해지듯이, 지루함은 우리의 크립토나이트이다. 지루함을 경험하는 순간 (당신은 어쩌면 자극이 부족하다고 생각할 지도 모른다.) 우리는 반사적이고, 즉각적이고, 자동적으로 그리고 아무것도 의식하지 못한 채 자극을 추구한다. 우리는 그것이 무엇인지 신경 쓰지 않는다. 지루함이 일으키는 정신적 긴급 상황 즉 뇌의 통증에 대처해야만 한다. 응급 구조사처럼 우리는 즉각 행동에 들어간다. 조금이라도 자극을 얻기 위해 싸움을 걸 수도 있다. 정신 줄을 놓고 온라인 쇼핑에 나설지도 모른다. 어쩌면 은행을 털지도 모른다. 코카인을 흡입할 수도 있다. 아니면 지금껏 들도 보도 못한 기기를 발명하거나, 사업을 가로막는 문제를 해결할 방법을 찾아낼 수도 있다.

모순적 경향

ADHD를 진단할 때 사용하는 공식적인 정의가 책 뒤쪽 부록 200쪽에 실려 있다. 이것은 정신과 의사나 평가자가 진단을 내릴 때 어떤 말을 하는지 확인하는데 도움이 될 것이다. 하지만 ADHD가 상반되거나 모순적인 경향이 복잡하게 얽혀 있는 상태라는 것을 이해하기 위해 임상적인 용어들을 좀 덜 사용해 설명하는 것이 나을 것이다. 즉 집중력 부족과 초집중력의 공존, 목표의식의 부족과 고도로 목표 지향적인 기업가 정신의 공존, 일을 미루는 경향과 1주일분의 작업을 불과 2시간 만에 해내는 재주의 공존, 충동적이고 외고집적인 결정과 독창적이고 예상치 못한 문제 해결 능력의 공존, 대인 관계 능력의 부재와 타인에 대한 놀라운 통찰력과 공감 능력의 공존. 이런 목록은 한없이 이어진다.

다음은 ADHD의 증세와 관련된 좀 더 공식적인 설명이다. 이걸 보고 나면 임상적 확인이 필요하다는 생각이 들지도 모르겠다.

설명하기 힘든 학습 부진:

시력 저하, 신체적으로 심각한 질병, 두부 외상에 따른 인지 장애 등 그럴만한 이유가 없는데도 타고난 재능이나 지능에 비해 성적이 저조하다.

종잡을 수 없는 마음:

학생이라면 교사에게, 성인이라면 상사나 배우자에게 이런 충고를 자주 듣는다. "정신이 딴 데 가 있어.", "일은 하는데 집중하질 못해." "성과가 너무 들쭉날쭉해. 좋을 때는 좋은데, 나쁠 때는 너무 나빠." 이러면 대개의 교사, 상사, 배우자는 문제의 인물에게 규율이 더 필요하고, 노력이 더 필요하고, 좀 더 주의 깊게 행동하는 법을 배울 필요가 있다는 결론을 내리게 된다. 하지만 이건 ADHD에 대한 무지에서 비롯된 것이다! 여전히 사람들은 무질서와 주의력결핍의 원인을 노력부족에서 찾는다. 그러나 생물학적 사실은 그들은 자극이 없으면 무엇도 하지 못한다는 것이다. 하려 하지 않는 것이 아니라 못하는 것이다.

정리하거나 계획하기가 어렵다:

임상 용어로는 이걸 '집행기능(executive function)'의 문제라고 한다. 예를 들어 당신의 아이가 아침에 일어나 옷을 입는 걸 잘 못한다고 해보자. 딸에게 2층에 가서 옷을 입으라고 했는데, 15분 후에 가보니 아직도 잠옷 차림으로 침대에 누워 있다. 또는 남편에게 쓰레기통 좀 비우라고 말했다고 해보자. 남편은 쓰레기통 앞까지 걸어갔다가 자기가 할 일을 잊고 쓰레기통을 지나쳐 어슬렁어슬렁 그냥 돌아온다. 그러면 당신은, 성질을 돋우는데 천재적이라거나 지금 내 말을 무시하는 거냐고 하거나, 혹은 청개구리라거나 무지무지 자기중심이라는 등 남편에게 그동안 수백 번도 넘게 써먹었을 온갖 말들을 동원해 분통을 터뜨린다. 하지만 쓰레기를 버리라는 말을 깜빡하는 건 이기적이기 때문이 아니다. 다른 사람을 무시하는 것처럼 보이는 많은 행동들이 사실은 성격상의 결함이 아니라 신경학적 요인 때문에 생기는 일이다. 주의가 산만하고 변덕스럽고 직접적인 기억의 누수가 너무 많기 때문에 어떤 일을 해야 한다는 걸 순식간에 까먹기도 한다는 설명을 들으면 당신은 이혼할 마음을 먹었다가도 한 번쯤은 재고하게 될 지도 모른다. 이런 문제들을 악화시키고 다른 사람들이 ADHD 진단이 맞는 거냐고 의심하게 만드는 것은, 똑같은 바로 그 사람이 어떤 때는 과집중을 해서 제시간에 놀라운 프레젠테이션을 해내기도 하고, 자극이 주어졌을 때는 굉장히 신뢰할 만한 사람으로 행동한다는 것이다. 하지만 앞서 말했듯이 지루함은 우리의 크립토나이트이다. ADHD인 사람의 정신은 지루함을 접하면 움츠러들고, 새로운 자극을 열렬히 찾아 나서며 사라진다. 그러니 쓰레기를 버리는 일은 안타깝지만 잊혀지고 마는 것이다.

고도의 창조성과 상상력을 가지고 있다:
나이를 불문하고 ADHD인 사람들 중에는 주체하지 못할 정도로 지적인 호기심이 넘쳐나는 이들이 꽤 있다. 하지만 안타깝게도 이 천부적인 재기 발랄함은 오랫동안 비판, 질책을 받고 교정을 당하고, 제대로 인정을 받지 못해 실망과 욕구불만, 참담한 실패를 반복적으로 겪다 보면 사라질 수 있다.

시간 관리에 문제를 겪고 할 일을 미루는 경향이 있다:
이것은 집행기능의 또 다른 요소이자 매우 흥미로운 요소이다. ADHD를 가지고 있는 우리는 다른 사람들과는 시간을 다르게 경험한다. 이것은 대부분의 사람들에게는 정말 믿기 어려운 일이고. 그래서 대부분 우리의 문제에 동감하지 않고, 노력 부족, 나쁜 태도, 또는 순수하게 고집 탓이라고 여긴다. 하지만 실제 문제는 시간의 흐름과 관련된 내부 감각의 결여이다. 시간이 몇 초에서 몇 분으로, 몇 시간으로, 다시 며칠로 멈추지 않고 계속 흐른다는 사실을 깨닫지 못한다. 우리의 마음은 물리 법칙을 거역해 시간의 성질을 바꾼다. 우리 세계에서는 시간이 1초 1초 흐르는 것을 거의 눈치채지 못한다. 몇 가지 내부 경보, 알람 또는 신호가 있기는 하지만, 일을 순차적으로 처리하기 위해 이러한 시간의 덩어리들을 적절하게 할당하는 능력이 없다. 우리는 시간을 낱낱이 분절해 모든 복잡성을 없애 버린다. 우리의 세계에서는 '지금'과 '지금이 아니다.' 이렇게 단 두 가지밖에 없다. "30분 안에 출발해."라는 말은 우리에게는 "지금 당장 출발할 필요는 없어."라고 들린다. "보고서는 5일 안에 제출하시오."라는 말은 "지금은 제출 기한이 아니야."가 되고 그래서 5일은 5개월이 될 수도 있다. "있다가 잠자야 해."라는 말을 들었지만 실제로 들은 말은 "이제 잘 시간이야."일 수도 있다. 이렇게 시간을 왜곡하는 감각은 분란, 실패, 실직, 친구들의 실망, 실패한 사랑 등으로 이어지지만, 동시에 극도의 압박 속에서 믿기 힘들 정도로 탁월한 수행 능력을 만들어내기도 한다. 대부분의 사람들에게 가장 큰 스트레스가 되는 시간적 압박감을 우리는 얄미울 정도로 느끼지 못한다.

강한 의지를 가지고 있지만 고집스럽고 도움을 거절한다:
놀라울 정도로 멍청해 보일 수도 있지만 ADHD인 사람들 중에 많은 이들, 특히 그중에서도 남자들은 "도움을 받아 성공하느니 내 방식대로 하다 실패하는 게 낫다."라고 대놓고 말한다.

관대하다:

우리가 늘 경험하는 왜곡은 고통을 수반할 수도 있지만, 우리의 주머니에는 기적과 긍정적 에너지도 드나든다. 그런 것들이 들어오면 우리는 지금까지 당신이 본 가장 관대하고 긍정적이며 가장 열정적인 사람이 된다. 그렇다. 우리는 다른 사람들의 도움을 거부하는 경향이 있지만(25쪽의 항목 참조!), 역설적으로 우리는 옷이 필요한 사람에게 옷을 벗어 주기도 한다. 그래서 우리 중 많은 수는 영업에 뛰어난 재능을 보인다. 우리는 카리스마가 있고, 사람들을 웃게 만드는 능력이 있고, 설득력이 있다. 우리는 당신이 우울할 때 꼭 필요한 것을 제공하는 부류의 사람이다.

좀처럼 가만히 있지를 못한다 / 멍한 상태일 때가 많다:

남자 아이들과 성인 남성들은 좀처럼 가만히 있지를 못한다. 여자 아이들과 성인 여성들은 멍한 상태를 보일 때가 많다. 여자들은 과잉행동 증세를 보이지도 않고 파괴적인 경향도 없기 때문에 연령에 상관없이 가장 제대로 된 진단을 받지 못한 집단이다. ADHD인 여자아이와 성인 여성에게서 주의력결핍과 과잉행동 증세가 좀처럼 나타나지 않으므로, 그 증세를 알아내려면 당신은 ADHD에 대해 잘 아는 부모, 교사, 배우자, 상사, 또는 의사여야 한다.

독특하고 활달한 유머 감각이 있다:

별나기는 하지만, 보통은 꽤 세련된 유머를 구사한다. 코미디 작가들 중 상당수가 ADHD를 가지고 있는데, 아마도 세계를 보는 시각이 근본적으로 다르기 때문이기도 할 것이다. 우리는 흔해 빠진 말로 가득한 상자 밖에서 살고 있다. '상자 밖에서 생각하기(thinking outside the box: 기존의 틀을 벗어나 창의적으로 생각한다는 뜻_옮긴이)'란 문구가 들어간 심리 테스트를 만들어낸 사람도 어쩌면 우리 중 하나일지도 모른다.

다른 사람들과 쉽게 무언가를 공유하거나 노는데 어려움을 겪지만, 동시에 친구를 사귀고 싶은 욕심도 있다:

사람들 사이의 관계를 잘 읽지 못하고 남들 이야기에 불쑥 끼어들려는 충동을 참지 못해 나이가 들수록 사회적 문제가 더 많이 발생할 수 있다. 성인의 경우, 이렇게 되면 거칠고, 불쾌하고. 무례하고, 자기중심적이며 조심성 없는 사람으로 취급받게 된다. 하지만 이런 문제의 원인은 ADHD에 대해 아무런 진단도 치료도 받지 못했기 때문이다. ADHD를 '좋은 뉴스'라고 판단하는 것은 이 때문이다. ADHD가 있다는 것을 알고 적절한 도움을 받으면 삶은 더 나은 방향으로 흐른다. 대부분의 경우 훨씬 나아진다.

비판이나 거절에 극히 민감하다:

ADHD 연구와 관련해 가장 앞선 임상의 중 한 사람인 윌리엄 도드슨은 거절 과민성 불쾌감(rejection-sensitive dysphoria)이라는 용어를 유명하게 만들었다. 이것은 ADHD인 사람들 중 일부는 그저 그런 사소한 비난이나 경멸 혹은 부정적인 언급에도 갑작스럽게 과잉 반응을 보인다. 눈 깜빡할 사이에 기분이 상하고 낙담한다. 한편(이 증후군에는 반대되는 증상을 특징으로 하는 다른 면이 항상 따라다닌다.) 우리는 거절 과민성 불쾌감과 반대되는 특징을 나타내는 또 다른 용어를 만들어 냈다, '인정 반응성 도취감(recognition-sensitive euphoria)'인데, 칭찬, 긍정, 격려를 건설적으로 잘 활용하는 능력을 뜻한다. 우리는 사소한 비판만으로도 깊은 슬픔에 빠지지만, 약간의 칭찬이나 사소한 인정으로도 행복해질 수 있다.

충동성과 조급증:

우리는 결정을 빠르게 내리며, 욕망을 억누르는데 어려움을 겪는다. 우리는 마시멜로 실험*을 통과하지 못한다. 우리는 "준비, 조준, 발사!"가 아니라 "발사, 조준, 준비!"에 따라 행동하는 경향이 있다. 하지만 충동성의 뒷면이 창의성이라는 것을 기억하자. 충동성이 긍정적으로 작용하면 창의성이 된다. 창의적인 아이디어, 유레카의 순간, 갑작스러운 계시 같은 것은 계획한다고 찾아오는 것이 아니다. 이런 것들은 입찰이나 경고 없이 주어진다. 불현듯 찾아온다.

생활 환경을 바꾸려는 근질거림:

당신은 나이가 들어감에 따라 생활 환경을 바꾸고 싶어 근질거리다 못해 일상생활 전반에 불만을 느끼게 된다. 그래서 점점 더 간절하게 생활 환경을 바꾸고 싶어 한다. 이 '근질거림'은 큰 성과나 창조로 이어질 가능성도 있지만 온갖 종류의 중독이나 여타 위험한 행동으로

---

*1972년 스탠퍼드대학교의 심리학자 월터 미셸은 마시멜로를 이용해 아이들이 욕망을 누르는 능력을 테스트하는 실험을 고안했다.

이어질 수 있다. 많은 경우, 그것은 둘 다로 이어진다.

에너지 과잉:

오죽하면 우리의 진단명에 '과잉행동'이 붙어 있을까. 이런 에너지 과잉은 권태감을 느끼는 경향과 연동되어 있어, 종종 게으르다고 오해를 받는다.

기분 나쁠 정도로 정확한 직관력:

이는 명백한 것을 간과하거나 중요한 데이터를 무시하는 경향과 결부되어 있다.

너무 솔직하다 할 만큼 속이 뻔히 들여다보인다:

'아부'를 하지 못하고 위선을 잘 참지 못하며, 눈치가 없거나, (젠더나 인종 등에 대해) 차별을 드러내는 언행을 하거나, 어떤 일의 영향이나 결과에 주의를 기울이지 않는 사람이라면 이들 중 많은 이는 ADHD가 있을 것이다. 특히 어린 아이는 곤란한 상황에 처했을 때 충동적으로 거짓말을 하는 경향이 있다. 이는 소시오패스에게서 볼 수 있는 성격적 결함이나 양심의 부재가 아니라, 상황을 자기가 바라는 대로 바꾸어 보려는 반사적인 시도에 가깝다.

중독과 모든 종류의 강박 행동에 대해 민감하다:

약물 및 알코올부터 도박, 쇼핑, 지출, 섹스, 음식물 섭취, 운동, 거짓말에 이르기까지 ADHD를 앓고 있는 우리는 ADHD를 앓고 있지 않은 사람보다 이 모든 영역에서 문제를 일으킬 가능성이 5~10배 높다. 이는 앞에서 설명한 '근질거리는' 욕구와 생활 환경을 더 재미있게 하고 싶은 욕구 때문이다. 이런 증상은 사업을 시작하거나, 책을 쓰거나, 집을 짓거나, 정원을 가꾸는 등 창조성을 분출할 수 있는 뭔가 적절한 수단을 찾게 되면, 나쁜 습관이나 노골적인 중독이 더 악화되지 않는다는 점에서 긍정적이다.

피뢰침과 풍향계를 갖고 있다:

이유가 무엇이건, ADHD인 사람은 일이 잘못 되면 직격탄을 맞는 피뢰침이 되는 경우가 잦다. 스무 명이 함께 잘못을 했는데도 매번 혼자만 혼나는 아이처럼 말이다. 똑같은 일을 해도 다른 사람보다 더 비난받고 더 무거운 징계를 받는 희생양이 된다. 가족 행사를 방해하거나, 사업상의 회의 또는 수업 시간의 토론을 의미 없게 만드는 사람이라는 뜻이다. 그러나 동시에 ADHD인 사람은 피뢰침 같은 자질 덕분에, 놀라운 성공으로 이끄는 사람에게서 아이디어, 에너지, 영감 및 상상력을 받을 수 있다. 마찬가지로 풍향계를 갖고 태어난 ADHD인 사람들은 그룹, 학교, 가족, 조직, 마을, 국가의 분위기와 에너지의 변화를 가장 먼저 감지하고 다른 사람들이 알도록 유도한다. 다른 사람들이 아무 것도 감지하지 못했을 때, ADHD인 사람은 다른 사람들에게 어려움이 닥치고 있음을 경고하거나, 엄청난 성공의 기회가 다가왔다고 알린다. 피뢰침과 마찬가지로, 풍향계 효과는 과학적 근거를 들어 설명할 수는 없지만 모든 연령의 환자에게서 항상 볼 수 있다.

문제가 발생했을 때 자신이 무슨 일을 했는지를 보지 않고, 원인을 외부에서 찾거나 타인을 비난하는 경향이 있다:

이는 보통 자기 자신을 정확하게 관찰하는 능력 부족과 결부되어 있다. 그래서 원인을 외부에서 찾는다. 문제가 생겼을 때 자기가 한 일을 돌아보지 않으려 하기 때문이다.

자기 자신에 대한 부정적이고 왜곡된 이미지:

자기 자신을 정확하게 관찰할 수 없을 뿐 아니라, 비판에 대한 민감도는 높고 성취도는 낮기 때문에, ADHD 사람들은 다른 사람들에게 인정받을 수 있는 것보다 훨씬 부정적인 자기 이미지를 갖고 있다. 부정적 자기 이미지가 현실에 대한 인식을 무수히 왜곡시키기 때문에, 우리 환자 중 한 명은 이 상태를 '주의력결핍 왜곡자'라고 부르고 있다. 다른 현실을 상상하고 보통의 것을 더 좋게 '왜곡'하는 능력이 창의성이지만, 다른 한편으로 이 '왜곡'은 ADHD의 가장 고통스러운 측면 중 하나인 낮은 자존감을 만들 수도 있다. 우리 ADHD인들은 거울의 집에서 사는 것처럼 우리 자신을 보고 있다. 우리가 우리 자신을 보는 방식은 다른 사람들이 자기 자신을 보는 방식과 다르다. 우리는 우리가 실패나 결점으로 여기는 것들만을 보고, 긍정적인 면에는 주목하지 않는다. 그리고 우리가 우리 자신을 잘못 이해하거나 다른 사람의 반응을 잘못 이해했을 때 우리는 수치심을 느낀다. 우리가 기회를 잡지 못하고 뒤로 물러서거나 인간관계를 잘 맺지 못하는 데에는 두려움이나 오해뿐 아니라 수치심도 큰 몫을 하고 있다.

ADHD는 타고나는가, 만들어지는가

과학적인 추정치에 따르면 5~10퍼센트의 사람들이 위에서 말한 특성들의 몇 가지 조합으로 이루어졌다고 한다. 이 수치는 ADHD로 태어난 우리의 수를 나타낸 것이다. 따라서 이것은 행동과학에서 가장 유전적인 조건 중 하나로 인식되고 있다. '유전성'이란 평생 질병의 발병 가능성을 높이는 일련의 유전자들을 계승하는 것을 의미한다. 어떤 유전자가 ADHD에 관여하는지 알아내는 것이 도움이 될 수도 있지만, 실제로는 ADHD에 관여하는 것은 특정한 유전자 한두 개가 아니라 유전자들의 배열이다. 다종다양한 ADHD가 있음을 고려한다면 의미를 갖는 것은 바로 이러한 유전자의 배열이다.

부모 중 한쪽이 ADHD일 경우, 특정한 자녀가 ADHD일 가능성은 3분의 1이다. 그리고 양쪽 부모 모두가 ADHD인 경우, 그 위험성은 3분의 2이다. 하지만 이러한 수치들은 그저 평균일 뿐이다. 할로웰 박사 가족을 예로 들면, 박사는 ADHD이지만 아내는 아니다. 그런데도 세 아이 모두 ADHD이다.

유전성 외에, 어떤 환경적 스트레스 요인-특히 출생 시 두부 외상이나 산소 부족, 영아기 감염, 기타 뇌 손상 등등-도 ADHD를 일으킬 수 있다고 알려져 있다. (한편, 뇌의 기능은 발열, 납이나 수은 등의 독소 또는 외상으로 인해 어떤 형태로든 방해를 받는다.)

또한 임신 중에 모체가 비만해지거나, 술을 마시거나, 약물에 중독되거나, 흡연을 하면 어떤 형태로건 태아의 뇌 발달에 나쁜 영향을 미친다. 아직 증명되지는 않았지만 신경학적 기능에 관해 연구되는 새로운 위험 요소도 있다. 저주파 또는 고주파로 생성되는 전자파이다. 저주파 전자파는 전력선 및 주방의 가전 기기에서 나온다. 새롭게 등장한 고주파 전자파는 무선 네트워크와 스마트폰에서 발생한다. TV 채널을 (이리저리 돌리지 말고 한 군데에) 고정하시라.

생물학적으로 ADHD의 원인을 갖고 있는 사람들 외에, ADHD를 가지고 있는 것처럼 행동하지만, 면밀한 검사를 받으면 ADHD로 진단되지 않을 사람들도 많다. 이들은 현대의 생활 조건 때문에 'ADHD 비슷한' 증상을 가진 사람들이다. 이러한 'ADHD' 증상은 현대 세계에서 사람들의 뇌에 가해지는 엄청난 자극에 대한 반응이다.

유비쿼터스, 즉 언제 어디서나 네트워크에 접속할 수 있는 환경이 출현한 이후 우리 모두가 경험하고 있는 엄청난 행동 조건은 우리를 근본적으로 변화시켰다. 그러나 이 극적인 변화는, 획기적인 것은 아니지만 과소평가되고 있다. 개구리가 천천히 더워지는 물속에 있다가 물이 끓어도 뛰쳐나오지 않는 것처럼 우리도 우리의 환경을 과소평가하고 있다. 우리의 세계는 매우 뜨거워져 있다. 현재의 환경에서 뛰쳐나올 수는 있지만 그렇게 해서는 현대 세계에서 살아가기 힘들다. 현대 생활은 우리의 뇌가 점점 더 빨리 움직이도록, 점점 더 많은 것을 하도록 훈련시키고 있다. 영화, TV, 뉴스를 통해 시시각각 변하는 일상에서 24시간 365일 연중무휴로 송수신하며 지속적인 자극을 받도록 말이다. 우리는 이제 모니터 없이는 몇 초도 버티지 못한다.

현대 생활은 인터넷, 스마트폰, 소셜 미디어의 시대 이전보다 엄청나게 많은 데이터를 우리의 뇌가 처리하도록 강제하면서 이런 변화를 강요하고 있다. 일부 전문가들은 뇌의 회로가 변화하고 있다고 의심하지만 우리 뇌의 회로는 변하지 않았다. 하지만 생활의 속도가 점점 빨라지고 우리의 뇌에 시시각각 가해지는 데이터에 적응하기 위해, 우리는 새로운, 어찌 보면 반사회적인 습관을 길러야 했다. 이러한 습관들을 우리는 임기응변적 주의력특성(variable attention stimulus trait, VAST)*이라고 부른다.

당신이 진짜 ADHD 혹은 환경적으로 유발된 ADHD의 사촌인 임기응변적 주의력특성VAST을 가지고 있든 없든, 중요한 것은 그 부정적인 명칭에 휘둘리지 않고 타고난 긍정성에 집중하는 것이 중요하다. 우리는 당신이 겪는 경험은 부정적인 면이 있다는 것을 부인하지 않지만, 긍정적인 면도 분명히 있다는 것을 알아주었으면 한다.

우리는 임기응변적 주의력특성VAST을 비가역적인 정신 기능의 손상(impairment)으로 규정하지 않는다. 왜냐하면 임기응변적 주의력특성VAST을 정신과적 장애(disorder, 지속적으로 인지적 기능이 제대로 발현되지 못하는 상태_감수자)가 아니라 하나의 특성(trait)으로 보기 때문이다. 그리고 그런 특성에 수많은 강점들 또한 존재한다는 사실에 주목할 것이다. 게다가 부주의함, 과잉행동, 충동성과 관련된 9가지의 진단 기준 축 가운데 6가지가 충족되어야 하는 공식적인 ADHD 진단(이와 관련된 증상에 대한 완전한 목록은 부록을 참조하라.)과 달리, 임기응변적 주의력특성VAST으로 진단할 만한 일반적인 특징도 없다. 우리가 선호하는 말로 하자면 '묘사', 즉 증상을 일반화할 특정한 모습이나 '자화상', 즉 증상자가 스스로 느끼는 특정한 모습도 없다.

---

* 이 말은 샌프란시스코의 언론 매체인 KQED의 건강란 담당 편집자인 캐리 파이벨이 제안한 것이다. 우리는 이 문구가 무척이나 마음에 들었고 그래서 그의 허락을 얻어 용어를 채택했다.

실제로 공식 진단 매뉴얼인 DSM-5에 실린 ADHD 진단 기준은 의도치 않게 많은 혼란을 야기했다. 사람들은 흔히 이렇게 묻는다. "제가 ADD인가요? 아님 ADHD인가요?" 전문적으로 말하자면 ADD 같은 건 더 이상 존재하지 않는다. 당신에게 진단되는 것은 ADHD뿐이다. 부주의함과 관련된 9가지 증상 중 최소 6가지는 해당하지만, 과잉행동 및 충동성에는 해당하지 않는다면 당신은 ADHD, 그 중에서도 주의력결핍 우세형 ADHD(ADHD-I)이다. 과거에는 ADD로 불렸던 것이다. 부주의함과 과잉행동 및 충동성 두 가지 모두 9가지 기준 중 6가지 넘게 해당하는 경우는 복합형 ADHD(ADHD-C)이다. 그리고 과잉행동 및 충동성 두 가지와 관련된 증상만 있다면 당신은 극히 드문 사람 중 하나이다. 이 경우 당신은 과잉행동-충동성 우세형 ADHD(ADHD-H)이다.

임기응변적 주의력특성^{VAST}에 대해서는 다음에서 제공하는 것을 '진단 기준'이라고 부르지 않는다. 대신에 다음 표의 서술이 당신을 잘 묘사하고, 다른 사람들과 다른 당신의 특성을 알려준다면, 당신은 임기응변적 주의력특성^{VAST}일 것이다. 그 경우 우리가 말하는 이런 특성을 가졌지만 가장 잘 살 수 있는 방법이 당신에게 유용할 것이다.

마지막으로 다음의 표에서 각 항목의 서술에는 반드시 반대되는 단어가 함께 있다. ADHD처럼 임기응변적 주의력특성^{VAST}은 역설적이고 모순적인 성격이 내재해 있기 때문이다. 그러므로 임기응변적 주의력특성^{VAST}인 사람과 함께 사는 것은 매우 혼란스러울 뿐만 아니라 매우 흥미로우며 때로는 획기적인 일이 될 수 있다. (ADHD를 묘사하는 20개의 서술 항목에 중복이 많다는 것도 기억하라.)

임기응변적 주의력특성^{VAST}의 성격

긍정적인 면	부정적인 면
열정적이다. 의욕적이다. 대의나 친구를 위해 모든 것을 희생할 수 있다.	대의를 추구하는 과정에서 고집스러운 면을 보인다. 광신적이고 공격적이고 비합리적이 될 수 있다. 에이허브 선장 증후군(눈앞의 힘든 상황에 대해 억울해하고, 손실을 만회하기 위해 광신적이고 자기 파괴적인 선택을 반복하거나 합리적 대안을 찾지 못하는 심리적 상태_감수자).
자신이 매우 중요하다고 여기는 프로젝트에는 꼼꼼하게 최선을 다한다.	너무 무질서하고 혼란스럽다는 느낌을 준다. 이런 성향이 학업, 직업, 결혼에까지 영향을 미칠 수 있다.
짧은 시간에 많은 일을 해낼 수 있다.	시간 감각이 근본적으로 남들과 다르다. 이 세상 시간은 '지금'과 '지금이 아님' 둘밖에 없고, 따라서 일을 미루는 일이 다반사여서 제 시간에 끝내는 일이 거의 없다.
정해진 틀이나 관습에 얽매이지 않는다.	자신에게 최선의 이익이 되는 일도 거부한다. 심지어는 끼어들려고조차 하지 않는다.
탁월한 몽상가이다. 선견지명이 있다. 상상이나 공상의 날개를 마음껏 펼친다.	현실에 싫증을 느끼고 현실을 무시하다가 문제를 일으키기도 한다.
실수에 솔직하다. 사람들이 좀처럼 하지 않는 말도 서슴없이 한다. 직선적이다. 무디다.	타인의 감정을 상하게 하고 자기를 다치게 할 수 있다. 무의식중에 잔인해질 수 있다. 그러나 이는 그가 가장 하고 싶지 않았던 것이다.
자유롭고 독립된. 자신의 주인이 되고자 한다. 자기 운명을 스스로 결정하는 주인이 되려 한다.	팀을 이뤄 일하기 어렵다. 지시를 받는데 문제가 있다. 사적인 친밀감을 형성하는데 문제가 있다.
창조력을 타고 났다. 팝콘 튀듯 아이디어가 항상 샘솟는다.	아이디어를 정리해서 무언가 생산적인 것을 만드는 데 문제가 있다.
천성적으로 호기심이 많다. 누가, 무엇을, 어디서, 왜 그랬는지 항상 알고 싶어 한다. 답을 얻을 때까지는 결코 만족하지 않는다.	자기(이익)와 아무 관련이 없어도 신기한 것이나 퍼즐, 어려운 문제, 해결되지 않은 문제, 또는 매력적인 기회에 금방 빠져든다.
에너지가 매우 넘친다. 일견 끈질겨 보인다.	충동적이다. 가만히 앉아 있거나 대화를 이어갈 수 없다. 동료나 친척과 함께 생각을 나눌 수 없다.
꽉 닫힌 덫과 같은 정신. 몇 년 전 일까지 자세히 기억할 수 있다.	옆방에 뭘 가지러 갖는지 깜빡한다. 차 열쇠를 두었던 장소를 잊어버린다. 차 위에 물건을 두고 그대로 출발한다.
아이디어가 가득하다.	아이디어가 너무 많아 아이디어 하나라도 발전시키기 어렵다.
결단력이 있다. 찰나에 중요하고 복잡한 결정을 내릴 수 있다.	참을성이 없다. 애매한 일로 씨름하는 것을 싫어한다. 성급하게 반응한다.
새로운 계획, 거래, 아이디어, 프로젝트, 관계에 대해 순식간에 흥분한다.	흥분이 중간에 급격히 사라진다. 관심을 유지하기 어렵다.

긍정적인 면	부정적인 면
책임감이 많다. 해야 할 일은 반드시 한다.	다른 사람도 자신처럼 해 낼 수 있다고 믿어 문제가 발생하곤 한다.
끈질기다. 결코 포기하지 않는다. 일을 끝내기 전에 말 그대로 쓰러지고 만다.	고집불통이다. 다른 사람의 조언에 따라 성공하기보다 실패하더라도 내 방식대로 하고 싶어 한다. 자신이 잘 못하는 일을 잘 해 보려 평생을 바칠 수 있다.
마지막 순간에 잘 해 낼 수 있다.	꾸물거리다 문제가 커질 수 있다.
독창적이다. 결코 남들이 생각하지 못한 해결책을 낸다. 참신한 아이디어를 낸다.	특이하고, 색다르고, 미친 것처럼 보일 수 있다. 남을 너무 몰아대고 거만하게 굴어 다른 사람들이 멀어지게 한다.
자신감으로 충만하다.	외양은 자신만만해도, 성공은 모두 교묘한 사기극으로 성취했다고 느낀다.
극단적으로 근면하다.	쫓기는 듯하다. 강박적이다. 결코 느슨해지지 못한다. 광적으로 열중한다.
번뜩이는 생각.	생각을 떨쳐내기 어렵다. 마음을 진정시키려다 중독에 빠질 수 있다.
위험을 기꺼이 감수하는 사람. 위기와 위험이 닥친 상황에서 집중하고 최선을 행한다.	진정으로 살아가고 있다고 느끼기 위해서는 위험이 필요하다.
누구보다도 먼저 전체를 파악한다.	실행에 옮기는 것이나 세부 사항을 따지는 것을 어려워한다.
관대하다. 통이 크다. 보상을 기대하지 않고 기꺼이 베푼다.	이에 대한 대가를 크게 치를 수 있다.
재미있다. 삶이 늘 파티다. 그 누구와도 연결할 수 있다.	남들 모르게 고독하다. 자신을 진정으로 아는 사람이 없다고 느낀다.
혁신가이다.	지시를 따르지 않거나, 따를 줄 모른다.
흥미가 있을 때는 세심한 주의를 기울인다.	정신이 산만하기 쉽다. 흥미가 없을 때는 산만해진다. 전자기기 사용에 집착하며 직장 생활을 하기가 어렵다.
여러 분야에 탁월한 재능이 있다.	몇몇 분야는 심각하게 잘 못한다.
인생을 즐긴다. 모든 걸 시도해 보고 싶어 한다.	약속을 남발한다. 금방이라도 해낼 것처럼 군다.
리더십이 있다. 카리스마가 있다.	리더 자리를 싫어한다. 모두를 실망시킬까 걱정한다. 자신이 가진 카리스마를 잘 모른다.
도전적인 상황에서 성공한다.	만족을 잘 모르기 때문에 평범한 행복을 얻지 못할 수 있다.
토론, 대결, 스파링을 좋아한다.	상대가 이런 것들을 좋아하지 않는다면, 친해지기 어려울 것이다.

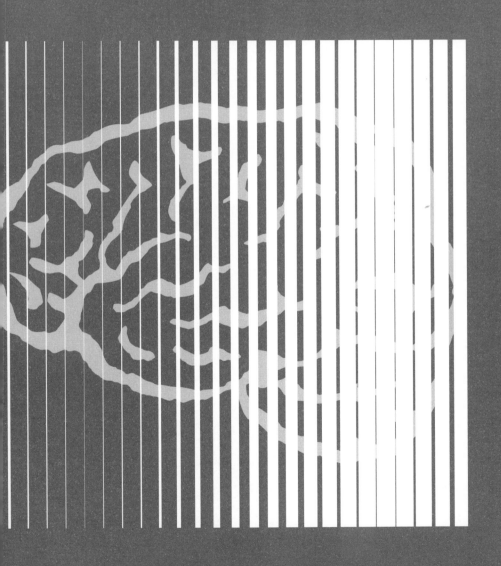

2장
마음속 악마를 이해하기

여기서 행크에 대해 말하려고 한다. 타고난 세일즈맨인 그는 사람들과 잘 지내고 사리 판단도 분명하다.

그러나 행크는 고통스러운 경험도 많이 했다. 정신적 피폐함이라는 말로는 충분하지 않을 만큼 힘든 상황을 그는 견뎌내고 있다. 그는 여기서 10분, 저기서 1시간, 때로는 토요일 아침 내내, 그리고 어떤 때는 그 이상의 시간을 우울한 상태로 보낸다. 걱정과 뒤숭숭한 느낌이 불쑥불쑥 찾아들고 그런 이미지가 눈앞에 시도 때도 없이 펼쳐진다. 거세게 흐르는 물살 위에서 마음이라는 뗏목을 간신히 부리고 있는데, 물굽이에 불쑥 솟은 바위처럼 말이다. 세찬 급류 위에 위태롭게 얹힌 뗏목을 타고 물살이 잔잔한 하류로 가려 애쓰는 그에게 암울한 것들이 나타나 그의 마음을 끝도 없이 강타한다.

부정적인 생각을 만들어내는 격류에 꼼짝없이 갇힌 그는 거실의 안락의자에 앉아 다리는 바닥에 내리고 팔은 팔걸이에 걸친 채 화창한 오후의 창밖 풍경을 하염없이 내다본다. 물론 그가 보고 있는 것은 창밖의 풍경, 그러니까 앞마당의 느릅나무나 길 건너편이지만, 사실 그런 것들은 그의 눈에 전혀 들어오지 않는다. 그가 보고 있는 것은 어떻게든 넘어야 하는 바위, 위험뿐이다. 이 무시무시한 부정적인 생각을 곱씹는 과정은 양치질을 하거나 통근하는 것만큼이나 행크의 일상생활의 일부이다. 그 생각은 지속되고, 고통만 낳지 이득은 없다.

지금 40세인 행크가 과업을 제대로 해내지 못하는 것은 상사의 말처럼 재능이 부족해서가 아니라 오히려 재능이 너무 많기 때문이다. 그의 아내 말을 빌리자면 "자기가 해야 할 일을 잘 정리하지 못하기" 때문이다.

행크는 자기가 어떻게 할 수 없는 상황에 대해 분노하고 있으며, 이는 자기 비하를 부추겼다. 그는 항우울제를 복용했지만, 이것은 성욕을 저하시켜 인생에서 몇 안 되는 기쁨 하나를 앗아갔을 뿐이다.

그는 심리 요법을 시도했다. 하지만 행크는 자기가 심리학자에게 실망감과 자괴감을 느끼게 만들었다며, 그 책임을 자신에게 돌렸다. 행크는 마지막 상담 때 "선생님, 선생님 잘못이 아닙니다."라고 말했다. 이 말은 자신이 치유될 수 없음을 선언한 말이었다. "뭔가 이상할 뿐이에요. 제게 뭔가 악마 같은 어두운 면이 있는 모양입니다. 거기에 점점 익숙해지는 것 같아요."

다른 사람들처럼 행크도 걱정을 지나치게 많이 한다. ADHD도 가지고 있기 때문에 그는 점점 더 걱정에 걱정을 더했다. 아이러니컬하게도 일반적으로 집중력 결여와 결합된 증상일 경우, ADHD를 가진 사람들은 -또는 임기응변적 주의력특성[VAST]의 특성을 갖는 경우에도- 걱정거리에 너무나 집중해 틀에 갇히고 만다. 진흙 깊숙이 파인 바퀴 자국 같은 틀에 갇힌 사고를 피하기가 어렵다. 다행히 우리는 지금 이 바퀴 자국들이 어떻게 만들어지는지, 그리고 자국들로부터 마음이 벗어나는 방법을 알고 있다.

새로운 발견, 새로운 도움

지난 30년간 인류 최대의 승리 중 하나인 뇌 과학의 진보에 동참하라. 지난 수천 년 동안 우리는 정신적 고통에 대해 도덕적(중요한 것은 의지이다. 있는 그대로 받아들여라), **종교적**(당신의 고통을 신께 의탁하라. 신은 우리에게 가장 좋은 것만 주신다.), **철학적**(할 수 있는 것을 하고, 할 수 없는 것은 받아들여라.) 설명과 처방을 들어왔다. 하지만 이제 우리는 뇌의 기능 이면의 유전자와 후성유전학(後成遺傳學, DNA의 염기 서열 변화는 없지만, 조절 인자의 변형으로 유전자가 다양하게 발현되는 현상을 연구하는 학문_옮긴이)을 이해하기 시작했다. 환경이 유전자의 발현에 미치는 다양한 영향 말이다.

이제 우리는 뇌 속의 분자를 분석할 수 있다. 전기적 활동, 피의 흐름, 포도당(에너지)과 산소의 차등 소비, 뇌의 다양한 영역의 실제 크기와 그 영역의 기능과의 상관관계 등등. 우리는 뇌 기능의 배후에 있는 유전학, 후성유전학, 유전자 발현에 대한 환경의 다양한 영향을 이해하기 시작하고 있다.

예를 들어 우울증을 일으키는 유전자를 타고났지만 사랑이 넘치는 부모와 학교 시스템의 양육 때문에 이들 유전자는 발현되지 않았다면 이는 후성유전이다. 당신은 우울증으로 이끄는 유전자를 갖고 있어도 우울증에 시달리지 않는 삶을 산다. 반면 부모의 사랑을 받지 못하거나, 자라면서 긍정적인 유대관계를 한 번도 이루지 못했거나, 또는 더 나쁘게도 트라우마나 학대를 겪었다면, 우울증이나 다른 질병의 소인이 되는 유전자도 물려받은 경우 이들 유전자가 발현될 가능성이 훨씬 높아진다. 기질적 특성, 환경 조건, 장애나 병의 유무와 상관없이, 본성과 양육은 항상 양쪽으로 수렴된다. 좋은 양육은 나쁜 성질, 나쁜 유전자의 영향을 극적으로 줄일 수 있다. 유감스럽지만 그 반대도 성립한다. 차갑거나 계속 갈등을 빚으며 멀리 떨어져 지내는 부모, 성장

중의 커다란 트라우마 등 나쁜 양육은 좋은 본성, 좋은 유전자를 억제할 수 있다.

후성유전학은 평생에 걸쳐 변화하는 뇌의 경이로운 능력을 증명하고 있다. 신경 가소성이라는 이 능력은 이전 세대 신경과학의 주요 발견 중 하나이다. 과거에는 뇌가 성장을 다해 특정의 연령(예를 들면 30세)이 뇌면 뇌세포가 그냥 안정화된다고 믿었다. 주사위가 던져지면 뇌가 고정된다!

이 '고정된 뇌'라는 개념은 늙은 개에게 새 재주를 가르칠 수 없다(제 버릇 개 못 준다는 식으로 오래된 생각이나 방식은 고치기 힘들다는 뜻_옮긴이)는 식의 상투적인 문구와 틀에 박힌 정보를 생산했다. 즉 아무리 치료를 많이 받고, 인생에 경험이 쌓이고 그 어떤 마법을 동원해도, 당신 뇌의 구조 즉 당신의 성격에 많은 변화를 만들어낼 수 없다. 그저 질병, 뇌졸중, 암, 독극물, 술, 약, 치매로 인해 점점 나빠지는 방향으로만 바뀔 것이다. 당신은 언제나 그저 지금의 당신일 뿐이다!

틀렸다. 수많은 신경과학자들의 연구 덕분에 우리는 당신이 무엇을 하고 있는지, 누구를 사랑하고 있는지, 어디에 살고 있는지, 무엇을 먹고 있는지, 어떤 스트레스를 받고 있는지, 반려동물을 기르고 있는지, 많이 웃는지를 알고 있다. 이런 사소한 일상과 헤아릴 수 없이 많은 경험들이 미묘한 방식으로 당신을 끊임없이 바꾸고 있다. 당신의 뇌는 이 모든 단서들에 차례로 반응한다.

대부분의 사람들은 이것이 얼마나 좋은 뉴스인지 이해하지 못한다. 우리는 누구이며 어디로 가고 있는지 바꿀 수 있다. 간단한 일은 아니지만, 몇 살이건 상관없이 사람은 새롭게 바뀔 수 있다. 새로운 인생, 새로운 사랑, 더 나은 날을 찾는데 너무 늦은 나이 따위는 없다. 우리의 뇌는 우리에게 일상에서 더 나아질 기회를 준다. 선물 포장을 풀기만 하면 된다.

지난 30년간의 과학은 부분적으로는 ADHD와 임기응변적 주의력 특성VAST의 핵심에 있는 긴장과 모순을 설명한다. 우리의 뇌 속에서는 창의성, 모험적인 기업가 정신, 역동성으로 이어지는 활동 뿐 아니라 불합리한 고민, 걱정, 불행을 반추하고 곱씹기, 자기 파괴적인 중독이나 강박으로 이어지는 활동도 일어난다는 것이다. 행크가 이 모든 것에 대해 알고 있었다면 그는 지긋지긋하게 고통스러운 생각을 피할 수 있었을 것이다. 또한 자신의 재능(공감, 감정적 지성, 창의성)을 발휘해 자신의 직업에서 뛰어난 성취를 이룰 수 있었을 것이다.

뇌라는 것

1장에서 우리는 ADHD는 모순과 역설 증후군임을 강조했다. 각각의 부정적인 면에는 그와 짝을 이루는 긍정적인 면이 있다. 물론 긍정적인 면에는 부정적인 면이 따른다. 당신은 집중할 수 있지만 곧 집중하지 못하게 된다. 또는 집중하고 싶지 않을 때 집중하게 되면 결국 과집중 상태가 되어버린다. 우리는 뇌에서 벌어지는 이런 널뛰기가 모순을 만들어낸다는 점을 강조했다. 즉 ADHD는 결코 나쁜 점만 있거나 좋은 점만 있는 것이 아니라는 것이다. 이제 우리는 왜 그런지 설명하려 한다.

창의성이라는 선물과 우울이라는 저주의 중심에 천사와 악마라 할 만한 두 가지 사고방식이 있다. (이는 특정 종교를 언급하려는 것이 전혀 아니다.) 한쪽 어깨에는 격려의 말을 보내는 자애로운 존재가, 다른 어깨에는 끔찍한 말을 속삭이는 무시무시한 존재가 있는 셈이다. 천사는 선물을 주고, 악마는 저주를 내린다. 유용한 수단을 쓴다면, 당신은 악마를 막고 천사를 활성화시키는 방법을 배울 수 있다. 심지어 약의 도움이 없어도 말이다.

　자세히 알아보기 위해, 우리는 임기응변적 주의력특성^{VAST}과 ADHD가 갖는 '신경전형적 측면(neurotypical. 신경 연결이 전형적典型的인, 신경다양성 입장에서 정상-비정상을 나누지 않고 가치중립적으로 평범한 사람의 뇌를 일컫는 말_감수자)'에 대해 기초부터 알기 쉽게 설명해 보겠다.

　달걀 프라이하기, 이메일 쓰기, 구덩이 파기 등 무슨 일을 하건 우리 뇌 안에서는 일군의 뇌신경 세포(뉴런)들이 '불이 켜져' 함께 작동한다. 이런 뉴런들의 연결망을 '커넥톰'이라고 한다. 이는 기능적 자기 공명 영상(fMRI)을 통해 볼 수 있다. 자기 공명 영상은 활발하게 움직이는 X선과 비슷한 것으로, 사람이 생각을 할 때 뇌의 움직임을 보여준다.

　업무를 할 때 불이 켜지는 커넥톰을 일단 '작업집중회로(task-positive network, TPN)'라고 부르자. 당신이 어떤 일을 하고 있는데, 그 일에 집중하다가 어느 순간 그 일의 범위를 넘어섰다는 것을 깨닫지 못하고 있다. 이 상태에서는 내가 행복한지 아닌지 의식하지 못한다. 자기 평가에 에너지를 낭비하지 않기 때문에 행복한 것만큼 좋다. 자신이 하는 일에 불만을 느끼고 분노하거나 낙담하는 순간을 맞을 지도 모르지만, 당신이 그 일을 계속한다면, 작업집중회로^{TPN} 안에서는 그런 순간이 휙 지나가고, 자신만만한 작업 긍정 커넥톰이 당신을 이끌 것이다. 작업집중회로^{TPN}로 생각할 때 당신은 천사의 말을 듣는다. 하지만 작업집중회로^{TPN}에 갇혀서 작업을 끝도 없이 이어갈 수 있다. 이는 ADHD를 가진 사람들이 빠질 수 있는 과잉행동 상태이다. 타인을 돕기는커녕, 어떤 작업에만 얽매여 모니터나 TV를 끌 수도 없고, 문서를 읽는데 다음 단락으로 눈길을 옮기지도 못한다. 바로 집중력의 부정적인 면이다.

덧붙여서 많은 사람들이 스스로를 ADHD나 임기응변적 주의력특성^{VAST}을 갖고 있는 양 보는 것은 점점 더 작업집중회로^{TPN}에 시간을 온전히 쏟지 않기 때문이다. 사람들은 단일 작업에 집중하기 위해 충분히 시간을 쓰지 않는다. 구덩이를 충분히 깊게 파지 않으며, 한두 문장이 넘는 메일을 쓰는 시간을 아까워하고, 계란 프라이가 익지도 않았는데 불에서 꺼낸다. 안타깝게도 작업집중회로^{TPN}는 사용하지 않으면 위축되는 근육과 비슷하다. 우리의 마음이 둥둥 떠다니면, 작업집중회로^{TPN}는 약해지고 주의력은 떨어진다.

당신이 당신의 마음을 작업에서 벗어나도록 허용했을 때, 또는 작업을 끝냈을 때, 또는 작업을 하다가 화가 나거나 실망해서 작업을 오랫동안 멈췄을 때, 뇌 속의 작업집중회로^{TPN}는 다른 커넥톰으로 바뀐다. 이를 '기본상태회로(default mode network, DMN. 기계나 프로그램의 '초기' 혹은 '기본'을 뜻하는 디폴트default에서 온 말이다. PC를 켜서 다른 작업은 하지 않고 윈도우만 띄워진 디폴트=기본 상태를 생각하면 된다._감수자)'라고 한다. 기본상태회로^{DMN}는 광대하고 상상력이 풍부한 창조적인 사고를 가능하게 한다. 기본상태회로^{DMN}의 뒷부분(후방대상피질)은, 과거의 자기 자신에 대한 기억을 하도록 만든다. 이를 통해 과거를 돌이켜보고, 인용하고, 분석할 수 있다. 기본상태회로^{DMN}의 앞부분, 내측 전전두엽은 반대로 당신이 미래에 기대하고, 생각하고, 상상하고, 계획하는 것을 가능하게 한다.

기본상태회로^{DMN}가 켜지면, 공상에 잠기거나(그래서 고속도로의 출구를 놓친다.), 여러 개념을 흥미롭게 연결할 수 있다(수수께끼를 풀고 농담을 하거나 십자말풀이를 하거나 차세대 대박 상품 등을 생각할 때 도움이 된다). 바퀴를 처음 발견한 건 분명 기본상태회로였을 것이다.

기본상태회로^{DMN}와 작업집중회로^{TPN}는 뇌의 음과 양이다. 둘 다 우리를 돕고 특정한 방식으로 우리를 억제한다. 한쪽이 다른 쪽보다 나은 것은 아니다. 그러나 마냥 달콤한 천사 같은 기본상태회로는 ADHD나 임기응변적 주의력특성^{VAST}이 있는 사람들에게는 악마처럼도 다가온다. 그 회로가 켜졌을 때 어떤 생각을 피하지 못하고 곱씹다가 빠져나오기 힘들기 때문이다.

고장 난 스위치

정신적으로 특별한 증상이 없는 사람들은 정기적으로 기본상태회로^{DMN}로 전환해 정신적으로나 신체적으로나 휴식을 취할 수 있다. 종종 쉬면서 공상에 잠기는 것이 왜 나쁘겠는가. 그러나 ADHD나 임기응변적 주의력특성^{VAST}을 갖고 있는 우리처럼 상상력이 풍부하고 창의적인 사람들은 종종 기본상태회로^{DMN}에 얽매여 행크처럼 매우 부정적이고 비관적이며 자기비하적인 생각에 빠지게 된다.

우리 모두는 편안하거나 안전할 때보다 재난에 대해 상상하거나 공포를 느낄 때 훨씬 더 민감하게 반응하도록 타고났는데(우리의 오감과 마찬가지로 상상력 역시 필수적인 위험 탐지기로 진화해 왔다.), ADHD나 임기응변적 주의력특성^{VAST}인 사람들의 마음은 우울함이나 파국으로 향하는 경향이 매우 심하다. 왜냐하면 자신이 겪은 실패, 실망감, 수치심, 좌절감, 패배, 당황스러움 등의 순간이 기억 창고에 차곡차곡 쌓여 있기 때문이다. ADHD인 사람들은 최악의 상황을 상상하고 예상하면서 살아왔다. 인생은 최악이라는 데 500원 건다는 느낌이랄까.

MIT의 신경과학자이자 교수인 존 가브리엘리는 최신 연구를 통해 ADHD나 임기응변적 주의력특성^{VAST}을 가진 사람들이 쉽게 부정적인 생각을 갖게 되는 이유를 또 하나 밝혔다.

가브리엘리는 "나는 기본상태회로^{DMN}가 우리 내부의 자아 시스템이라고 생각합니다."고 말한다. "일종의 수다쟁이 같은 것이죠." 수다에는 좋은 것도 있고 파괴적인 것도 있다.

바꿔 말하면, ADHD가 발현될 때는 두 가지 문제가 발생한다. 첫 번째 문제는 두 가지 회로의 반상관 속성이다. 시소를 상상해 보라. (여타 질병이나 특정한 증상이 없는) 신경전형적인 뇌에서는 일을 하고 있을 때 작업집중회로^{TPN}가 켜져 있고 기본상태회로^{DMN}는 꺼진다. 그러나 ADHD의 뇌를 기능적 자기 공명 영상을 통해 보면, 작업집중회로^{TPN}가 켜지면 기본상태회로^{DMN}도 켜진다. 기본상태회로^{DMN}는 억지로 ADHD인 당신을 장악하려고 하고, 그래서 당신의 정신은 산만해지게 된다. ADHD 증상을 가진 사람들의 뇌에서 기본상태회로^{DMN}는 작업집중회로^{TPN}와 경합하지만, 대부분의 사람들의 뇌에서는 이런 일이 일어나지 않는다.

두 번째 문제는 기본상태회로^{DMN} 내부의 앞쪽 영역과 뒤쪽 영역에서 서로 반대되는 일이 일어난다는 것이다. "대개의 사람들은 기본상태회로^{DMN} 안에 동조성을 가지고 있습니다. 그들의 뇌에서는 회로의 각 영역은 올라가는 것도 함께, 내려가는 것도 함께 합니다. 하지만 ADHD인 사람의 뇌의 경우에는 그렇지 않아요. 그들의 뇌는 뭔가 균형이 맞지 않고 동조되지 않습니다." 이것이 바로 반상관성(反相關性)이라는 것이다. 조화를 이루며 함께 움직이는 대신 각자 따로 반대로 움직인다.

가브리엘리는 ADHD 뇌의 혼란을 부추기는 더 중요한 문제를 설명한다. 이러한 회로들이 회로 내부에서 그리고 회로들끼리 어떻게 작용하는가 하는 문제이다.

핵심은 이것이다. "기본상태회로^{DMN}와 작업집중회로^{TPN}의 복잡성을 간단히 말하자면, ADHD의 뇌에서 두 회로 사이의 똑딱이 스위치가 꺼져 있어요."

즉, 보통 사람들의 뇌에서 기본상태회로^{DMN}는 작업집중회로^{TPN}에 쉽사리 끼어들지 않는다. 각 회로의 톱니바퀴가 잘 물려 있어 고장이 나지 않는다. 그러나 ADHD를 앓고 있는 사람들은 톱니바퀴가 빠지면서 그 자리에 이 위험한 저주이자 동시에 훌륭한 선물이기도 한 것이 남는다. 이는 똑같은 사람이 놀라운 창조력과 우울함을 오가는 현상, 심지어 동시에 분출하는 현상을 설명해 준다.

창조성이 발휘되고, 뭔가 아름다운 것이 모습을 갖추기 시작한다, 하지만 우울함이 몰려온다. "이건 너무나 추해. 당신은 또 실패한 거야." 창조적인 면은 중압에 못 견뎌 가라앉는다. 이 창조성은 타고난 회복력 혹은 또는 고장 난 스위치가 작동할 때까지 오랫동안 침잠해 있을 것이다.

축복과 저주는 관심을 얻기 위해 경쟁한다. 기본상태회로^{DMN}가 멋진 이미지를 불러온다면, 그것은 축복받은 도구이다. 그러나 기본상태회로^{DMN}가 작업집중회로^{TPN}에 뛰어들어 주의를 빼앗는다면, 기본상태회로^{DMN}는 악마가 되고, 불행의 장소 혹은 상상의 병이 된다. 당신이 기본상태회로^{DMN}에 갇힌다면, 열정적으로 시작한 프로젝트를 포기하거나, 부주의해서 어처구니없는 실수를 할 수 있다. 심지어 어떤 이유도 없이, 비참함과 절망의 나락으로 빠질 수 있다.

모든 창조적인 사람들은 성공, 즉 무언가를 창조한다는 것이 어떤 것인지를 너무도 잘 알고 있다. 하지만 그 과정을 중단시키려는 부정적인 목소리도 듣게 된다, 이게 바로 '고장 난 스위치'이다. 이 고장 난 스위치 때문에 기본상태회로^{DMN}가 작업집중회로^{TPN}를 침범하는 것이다. 이렇게 침범당하는 것은 무척이나 고통스러운 일이다. 고통에 시달리는 예술가라는 말이 딱 어울린다. 확실히 가장 위대한 과학자, 발명가, 배우, 작가 대부분은 이런 '고장' 때문에 일어나는 고통에 시달리고 있다, 훌륭한 작품을 창조해내는 것과 이건 아무 것도 아니라는 절망 사이에서 괴로워하다가, 마약이나 술, 혹은 자기 파괴적 행위에서 위안을 찾기도 한다.

ADHD와 중독

기본상태회로^{DMN}가 지배할 때, 그것은 무언가를 갈구한다. 이 강렬한 갈구는 예술적 성취를 통해, 도전적인 기업가 정신이 발휘된 거래를 통해, 또는 무엇보다도 사랑을 통해 채울 수 있다. 그러나 이러한 노력이 대가를 얻지 못한다면 -지금 쓰고 있는 소설이 독자의 공감을 불러일으키지 못하면, 거래는 실패하고 관계는 종료된다.- 당신은 일상생활을 어떻게 활기 넘치게 할지 탐색을 해야 한다. 그래야 당신이 가진 창조를 향한 강렬한 갈구, 갈급함을 만족시킬 수 있다.

이 강렬한 갈구는 다양한 종류의 거대한 성과로 이끌 수 있지만, 극단적인 경우 이 갈구가 중독을 일으킨다. 그래서 ADHD인 사람들은 모든 종류의 중독에 일반인보다 5~10배 넘는 수치를 기록하고 있다. 우리는 우리 내부에 특정 방법으로만 긁을 수 없는 근질거림을 안고 있다. 이 근질거림에 따라 나타나는 결과 중 어떤 새로운 것에 대한 창조는 가장 건전하고, 가치 있고, 오래 가는 것이지만, 중독-모든 종류의-은 가장 불건전하고 파괴적인 것이다.

이런 것들은 창조적 재능이 중독, 우울증, 양극성 장애, ADHD 및 모든 종류의 정신 장애와 밀접하게 관련되어 있음을 설명하는데 큰 도움이 된다. 이것은 천사와 악마가 중복되기 때문이다. 고전적으로 ADHD로 정의된 사람들 가운데 매우 창조적인 사람들의 뇌에서 일어나는 연결 결함이 그 원인이다. 뇌에서 일어나는 연결에 대해 연구가 많이 이루어지지는 않았지만, 우리 주변에서 중독에 더욱 더 괴로워하는 임기응변적 주의력특성^{VAST}의 사람들을 볼 수 있다.

고장 난 스위치의 작동

이제 ADHD인 뇌에서 일어나는 연결 결함과 스위치 고장에 대해 조금 알게 되었다. 당신 자신이나 당신이 사랑하는 사람이 언제 이러지도 저러지도 못하는 상태에 빠져 허우적거리는지, 뇌의 어떤 부분이 강력해지는지 이해하기 시작한 것이다. 이것은 학술적인 면뿐 아니라 실용적인 면에서도 매우 가치가 크다.

예를 들어보자. 저자의 한 사람인 존 레이티의 삼촌 론이다. 론은 세상을 떠났지만, ADHD였던 삼촌 이야기는 전설처럼 전해져 명절에 모인 친척들은 애정을 듬뿍 담아 그 이야기를 나누곤 한다. 사랑받는 초등학교 교사였던 론 삼촌은 그레첸 숙모와 함께 아이 넷을 키웠다.

어느 해인가, 추운 겨울이 가고 따뜻한 봄이 오자 론과 그레첸은 앞뜰에 심을 꽃과 나무, 그리고 청소 물품을 사러 나갔다. 마트 주차장에 도착한 그들은 차에서 내려 일을 나눴다. 론은 식물을, 그레첸은 청소에 필요한 물건을 사오기로 했다. 앞마당을 꾸밀 생각에 들뜬 론은 곧장 원예 매장으로 향했다. 기본상태회로DMN에 깊이 빠져, 앞뜰에 꽃을 심으면 어떤 풍경이 될까 상상하면서, 삽과 원예 도구들을 창고 어디에 두었는지를 생각도 하고, 일을 다 마치면 뜰이 얼마나 예쁘게 변할지 기대에 빠졌다.

집에 돌아와 흙을 파며 론은 곧장 작업집중 모드에 빠져들었다. 꽃들 사이의 간격을 얼마로 하면 가장 완벽한 모양이 나올지 머릿속으로 생각하며 땅에 구멍을 파고 뿌리가 상하지 않도록 조심하며 작은 화분에서 식물들을 꺼냈다.

10대 딸인 레니가 집밖으로 나올 때까지 론은 계속 이 일을 했다.

"아빠, 엄마는?" 레니가 물었다.

론은 1분이 지나서야 이 말을 이해했다. 아내를 마트에 남겨두고 왔다는 생각이 갑자기 떠올랐다. 주차장을 나설 때 그는 앞으로 할 일을 계획하고 뜰이 바뀔 모습을 상상하느라 자신의 기본상태회로^{DMN} 한 편에 지나치게 집중하고 있었다. 그래서 그가 사랑하는 아내가 있고, 그들이 함께 마트로 갔다는 기억을 담았던 회로의 다른 편까지 연결되지 못했던 것이다.

그가 당황하고, 온갖 말로 사과하고, 오도 가도 못한 채 홀로 남겨진 아내에 대해 생각했을까? 아니다. 론은 이제 작업집중회로^{TPN}에 깊이 빠져, 묘목을 제대로 심는 일에 집중해 한 손으로는 모란 주변의 흙을 도닥이며, 다른 한 손으로 딸에게 열쇠를 던지며 말했다. "차를 몰고 가서 엄마를 모셔 오렴."

"아빠, 전 아직 정식 면허가 없어요. 혼자 운전할 수 없어요." 딸 레니가 말했다.

론은 아이들을 세심하게 돌보고 사랑하는 사람이었다. 딸이 주차장이나 샛길에서 운전 연습을 할 때 그는 조수석에 앉아 운전을 가르쳤다. 더구나 그는 레니가 다음 주에 정식 운전면허 시험을 치를 것이고, 정식 면허를 따기 전이라 러너 라이선스(정식 면허 소지자가 동승하는 것을 조건으로 주는 가면허_옮긴이)밖에 없다는 것을 잘 알고 있었다. 하지만 그의 뇌는 꽃을 심는다는 일에 너무나 집중했기 때문에, 기본상태회로^{DMN}의 과거 사실들과 쉽게 연결되지 않았다.

삼촌이 숙모를 어딘가에 내버려 두어 오도가도 못 하게 내버려 둔 것은 한두 번이 아니었다.

대체 교사인 그레첸이 근처 학교에 발령받았을 때 일이다. 론은 자기 직장으로 가는 길에 숙모를 차로 그레첸의 학교까지 데려다 주고 퇴근할 때도 데려오곤 하였다. 그는 저녁 때 현관문을 열고 집으로 들어와 집안이 이상하게 조용하다고 느낀 후, 자기가 아내를 데리러 가는 것을 깜빡했다는 것을 깨달은 적도 여러 번 있었다.

몇 년 뒤, 그들의 아들이 병원에서 ADHD 검사를 받았다. 이때 론은 스스로 자신의 ADHD 증상을 발견한 후였다. 의사는 ADHD는 가족 내에서 유전되는 경향이 있다고 설명하며, 론에게도 테스트를 권했다. 예상한 대로, 그는 최고 수준의 ADHD였다!

론 삼촌 이야기를 우스개로 여길 수도 있지만, 뇌에 연결 결함이 있다는 것은 배우자가 불편하다는 정도를 넘어서 훨씬 더 심각한 문제를 일으키고 사람의 진을 뺄 수 있다. '그것은 학업, 당신의 직업, 당신의 인간관계 그리고 당신이 행복하게 사는 것에 심각하게 나쁜 영향을 미칠 수 있다.' ADHD 또는 임기응변적 주의력특성^{VAST}을 앓고 있는 사람들은 뇌의 어떤 영역에 갇혀 있기 때문에, 두 걸음 뒤처지면서 느끼는 좌절감과 싸운다. (우리를 대하는 보통의 사람들이 짜증내고 노여워하는 것은 차치하고서 말이다.)

기본상태회로^{DMN}에 휘말렸을 경우의 또 다른 문제는 '강박적인 사고'라고 불리는 증상이다. 어떤 일을 했는지가 걱정이 되어 되돌아와 확인을 하는 증상 말이다. 현관문을 안 잠갔다고, 가스 불을 안 껐다고 걱정하며 돌아오고, 선글라스와 지갑 등을 갖고 나가지 않았다고 생각하며 되돌아온다. 작업집중회로^{TPN}에 주의를 기울이지 않을 때는, 엄청난 실수를 하지 않았음을 거듭거듭 확인하기 위해 에너지를 쏟아부어야 한다. 분명히 문을 잠그고 가스 불을 끄고 선글라스는 침대 머리맡에 두었을 텐데, 그런 행동을 했던 순간에 집중하지 않아 했는지 안 했는지 걱정을 하면서 기어코 확인을 할 때까지 패닉 상태에 빠지곤 한다.

악마의 또 다른 저주는 파국적 사고(단순한 말이나 행동에 기초하여 파국적인 결론을 이끌어 내는 인지적 사고 오류 중 하나. 극단적인 흑백논리로 이어진다._감수자)이다. 이러한 사고방식을 치킨 리틀 증후군(세상이 끝난다고 믿는 병아리가 여우에게 먹히고 만다는 미국의 민담 주인공_옮긴이)이라고 한다. 하늘이 무너지는 걸 너무도 쉽게 믿기 때문이다. 어느 젊은 여성 변호사는 새 사건을 맡았지만 제대로 작업을 시작하기가 어려웠다. 미래를 관장하는 기본상태회로^{DMN}로 뛰어들어 거기에 머물면서, 자기의 주장이 잘못될 가능성에 대해 끝도 없이 생각하고, 의뢰인이 법정에서 잘못 행동할 오천 가지 방법, 배심원 앞에서 사건을 망칠 오만 가지 가능성을 상상하고 또 상상했다. 변호사라면 당연히 문제가 발생할 때를 대비해 선택지를 개발해야 하지만, 그것에만 너무 오래 집중하면 당장 해야 할 일에 집중할 수 없고, 그런 실수를 효율적으로 막을 수 없다.

물론 파국적 사고는 반추적 사고, 혹은 회고적 성향의 한 형태이다. 당신이 대수롭지 않게 여길 거라고 생각한 상사가 무언가를 지적했다. 순간 당신의 기본상태회로^{DMN} 뒷부분이 초고속으로 돌아가기 시작한다. 상사의 말 한마디 한마디를 분석하고, 내가 도대체 무슨 짓을 했는지 고민하고 불안에 빠진다. 정말 뭐가 크게 잘못되었을까?

자신을 자책하고, 했던 일을 되돌아보고, 지적을 당할 만한 일이 무엇이었는지 생각하고 또 생각한다. 내가 직장에서 했던 말이나 행동을 하나씩 곱씹으며 당황스러워 한다. 불안이 차고 넘친다.

그리고 기본상태회로^{DMN}의 앞부분이 있다. 바로 여기서 미래를 기획하고 할 일의 목록을 죽 뽑아낸다. 일을 바로 잡기 위해 상사에게 뭐라고 말을 할까, 아니면 지적질이 부당하다고 화를 낼까, 내가 바보같았다고 말을 할까, 일을 한 결과가 나쁘니 내가 책임을 지겠다며 상사를 치받고 사표를 낼까 말까 등을 생각하는 곳이다. 당신은 일을 망칠 것으로 확신하고 있다. 왜냐하면 기본상태회로^{DMN}의 앞부분은 굴욕적인 일이 다시 일어날 것을 예측하는 뇌의 부분이기 때문이다.

악마를 능가하는 교묘한 기술

신경과학자들 사이에 유명한 말이 있다. 뉴런은 함께 발화되고 함께 연결된다. 확실히 생각을 곱씹고 있을 때는, 시간이 흐르면서 부정적인 연결을 조장하는 일이 반복된다. 그러나 이 신경학적 해석은 해결책에도 초점을 맞춘다. 함께 발화하는 뉴런이 함께 연결된 경우 다른 방향으로 발화시킬 필요가 있다. 비결은 기본상태회로^{DMN}가 경로를 이탈하기도 한다는 사실을 이용하는 것이다. 기본상태회로^{DMN}가 어둠을 뚫고 달릴 수 있다면, 기본상태회로^{DMN}가 경로를 벗어나 빛을 향해 달리게 할 수 있기 때문이다. 둘이서 이 놀이를 할 수 있다!

다시 말하자면 한 가지 일에 초점을 맞추는 작업집중회로^{TPN}에서 더 많은 시간을 보내라는 것이다. 당신은 이렇게 생각할 것이다. 나는 한 가지 일에만 집중할 수 없다! 하지만 당신은 그럴 수 있다. 당신은 다른 데로 주의를 돌리는 데는 이미 달인의 경지에 오른 사람이기 때문이다. 당신은 당신 자신의 주의를 다른 데로 돌리면 된다. 생산성은 여기서는 중요하지 않다. 스위치를 켜라.

현실적인 해결책은 당신이 지난 일을 되풀이해서 생각하며 우울하고 부정적인 기분에 빠지기 시작하는 바로 그 순간 다른 곳을 보는 것이다. 무슨 일이든 하라. 밖으로 나가 걷기, 피아노 치기, 개에게 밥 주기, 한 발로 서서 "웃어라, 웃어라, 웃어라 캔디야."라고 노래 부르기, 신발 끈 묶기, 휘파람 불기, 코 풀기, 줄넘기, 개처럼 왈왈 짖거나 호랑이처럼 으르렁 소리 내기, 라디오를 켜거나 아이돌 팬인 양 춤을 추기, 낱말 퍼즐 풀기, 머리 쓰는 일을 하기, 책 읽기 등등. 글을 쓰거나 메모를 하는 것도 좋다! 물론 땅을 파거나 달걀 프라이를 해도 된다. 아니면 숨쉬기 힘들 정도로 운동을 해도 된다. 집중할 수 있는 패턴을 찾는다. 예를 들면 6-3-8-3 같은 것 말이다. 6박자 동안 숨을 들이켜고 3박자 동안 멈췄다가 8박자 동안 숨을 내쉬고 다시 3박자 동안 멈춘다. 이 동작을 반복한다. 몇 번 반복하고 나면 당신은 기본상태회로^{DMN}에서 빠져나오게 된다.

중요한 것은, 어떤 것이건 당신 외부에 있는 것에 초점을 맞추는 것이다. 작업집중회로^{TPN}를 활성화시키면 기본상태회로^{DMN}는 무력화된다. 기본상태회로^{DMN}는 매혹적이며, 그것이 전달하는 부정적인 메시지는 과거의 경험을 바탕으로 충분히 수긍할 수 있을 만큼 설득력을 갖고 있기 때문에 작업집중회로^{TPN}를 활성화시키는 것은 어렵다.

그래도 당신은 당신 자신이 거기에 빠지도록 놓아 두어서는 안 된다. 당신은 반드시 즉각적으로 활기찬 일을 해야 한다. 그래야 작업집중회로^{TPN}가 활성화된다.

작업집중회로^{TPN}에 접속하면 악마를 예전의 천사로 되돌릴 수 있다. 상상력을 전환하여 작업집중회로^{TPN}에 긍정적이고 건설적인 소재를 제공할 수 있다. 그러면 기본상태회로^{DMN}는 원래의 천사-일을 쉽게 풀어가게 해주는 상상력-로 돌아간다. 기본상태회로^{DMN}가 역한 기운을 내뿜으며 악마가 되는 것은 뭔가를 창조할 때가 아니라 쉬고 있을 때뿐이다. 기본상태회로^{DMN}가 자신에게 먹이를 주고 있을 때 천사의 상상력은 악마로 돌변한다. 이 악마는 게으른 사람을 찾아다닌다.

주의 사항: 작업집중회로^{TPN}를 당신의 동맹이자 친구라고 선전했지만, 이것이 완전무결한 것이 아니라 사람을 극단으로 몰아갈 수도 있음에 주의하라. 실제로 우리는 ADHD와 반대되는 특성을 가진 사람들을 '주의력과잉 장애(attention surplus disorder)'를 가진 사람들이라고 부르기도 한다. 이들은 지각하는 법이라고는 없고, 항상 규칙을 잘 지키지만 새로운 아이디어를 생각해 내지도 웃지도 않는 관료형, 자동응답기형, 무감정형, 책에 적힌 대로만 하는 유형, 세세한 것에 집착하는 유형의 사람이다. 그들은 습관적으로 작업집중회로^{TPN}에 갇혀서 꼼짝 못하고 있다. 론 삼촌이 보인 묘목에 대한 철저한 집중을 생각해 보라. 그는 사랑하는 아내가 마트에 홀로 남겨져 얼마나 당황하고 있는지 전혀 공감하지 못하고 있었다. 작업집중회로^{TPN}에 얽매여 있으면, 사람 대 사람이 아닌 기계처럼 생각하기 쉽다. '원 트랙 마

인드(한 가지 생각만 하는 마음)'라는 말을 처음 쓴 사람은 무심코 작업집
중회로TPN를 설명하고 있다.

회사의 간부들을 대상으로 한 어떤 조사에 따르면 업무에만 온통
집중하는 리더는 다른 관리자보다 팀원들을 잘 지원하지 않고 그들을
키우려는 의지도 부족한 것으로 나타났다. 그들은 고집스럽고 편협해
서 다른 사람들의 아이디어를 받아들이지 않을 수 있다. 연구에 따르
면 포용할 때나 혹은 따뜻한 사회적 유대감이 있을 때 방출되는 옥시
토신-사랑의 묘약, 사랑의 호르몬이라고 불리는-을 신속한 해결책으
로 제시하고 있다. 직장에서 포용을 하기는 어렵지만, 당신이 정말 사
랑하는 사람과 껴안는 것은 얼마든지 할 수 있지 않을까? 반려동물을
키우는 사람들이라면 확실한 처방전을 받은 셈이다. 반려동물의 회사
출입을 허하라!

행크는 무엇을 할 수 있을까?

행크가 자신을 괴롭히는 반복적인 생각이나 감정이 암울한 진실이
아니라 자신이 만든 상상력의 산물임을 알게 되면, 그는 자신을 괴롭
히고 자신을 압도하는 두려움 속에서 종말을 상상하는 것에서 벗어나
초점을 전환하는 것을 배울 수 있을 것이다.

행크에게도 약이 필요할지 모르겠지만, 지금은 기본상태회로DMN를
벗어날 방법, 즉 악마에게 먹이를 주지 않는 방법을 알려줄 사람이 필
요할 때이다. 그는 자신의 상상력을 건설적인 일에 활용할 수 있는 방

법을 발견함으로써 기본상태회로^{DMN}를 천사로 바꿀 수 있게 될 것이다. 명상, 운동, 사람들과 만나는 것도 고장 난 스위치의 힘을 줄일 수 있다.

우리는 이것이 많은 환자들에게 획기적인 도움을 줄 수 있는 통찰임을 알게 되었다. 이것은 완전히 새로운 것으로 보도되기 시작한 따끈따끈한 과학 뉴스로, 기본상태회로^{DMN}가 만들어낸 고통을 경감시키기 위해 사용할 수 있다.

기본상태회로^{DMN}는 해부학, 생리학, 생화학 구조 및 시냅스의 흐름이 복잡하지만, 쉬운 말로 하면 보통 사람들도 충분히 이해할 수 있다. 요약하자면 이렇다.

악마에게 먹이를 주지 말라.
관심을 주지 말아서 산소를 차단하라.
당신 마음을 끄는 뭔가 다른 것을 하라.
몸을 움직여라!

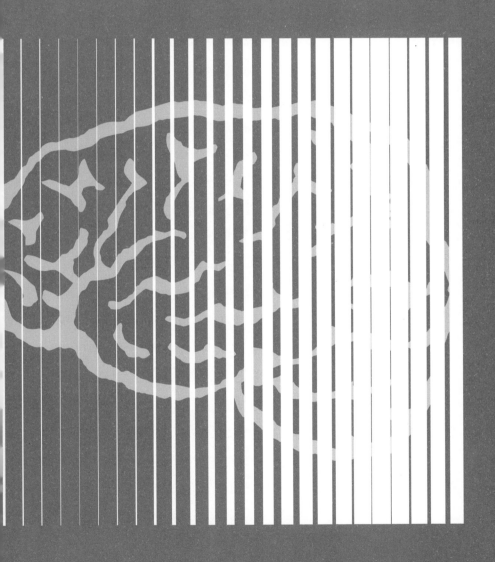

3장
소뇌 연결

앞 장에서 작업집중회로^{TPN}와 기본상태회로^{DMN}에 대해 설명했듯이, 우리는 자연에서 가장 눈부시고, 복잡하고, 충격적이고, 강력하고, 신비롭고, 변화무쌍한 존재 즉 인간의 뇌에 대해 점점 더 많이 알아가는 시대에 살고 있다. 심지어 한 사람 한 사람의 뇌를 개별적으로 설명할 수 있게 되었다.

다음은 뇌와 관련된 흥미로운 숫자들이다. 물리적으로 보자면 결코 아름답다고는 할 수 없지만, 아무튼 인간의 뇌는 무게가 약 1400그램이다. (향유고래의 뇌에 비교하면 3분의 1에 불과하지만, 금붕어의 뇌보다는 1만 5000배나 더 무겁다.) 성인의 뇌에는 약 1000억 개의 세포가 있다. (재미있는 것은 우리은하에 있는 별의 수도 약 1000억 개다.) 각각의 뉴런은 시냅스라 불리는 접합부를 통해 수백에서 수천 개의 다른 뉴런들과 연결되어 있으며, 시냅스는 무려 150조 개나 된다. 이 엄청난 수의 시냅스가 당신과 나의 뇌를 활기차게 만드는 것이다.

하지만 이야기는 여기서 끝이 아니다. 뇌의 한 영역인 소뇌에 대한 연구는 ADHD 혹은 임기응변적 주의력특성^{VAST} 증상이 있는 사람들에게 큰 희망을 줄 정도로 발전을 거듭했다. 대뇌의 뒤쪽 아랫부분에 양쪽으로 나뉘어 있는 소뇌는 뇌 전체 부피의 10퍼센트에 불과할 정도로 작지만 전체 뉴런의 75퍼센트가 자리할 정도로 강력한 기관이다.

사람들은 수백 년 전부터 소뇌에 대해 알고 있었다. 소뇌라는 용어는 이탈리아 르네상스기의 예술가 레오나르도 다빈치가 남긴 글에도 등장한다. 사람의 몸이 균형을 유지할 수 있는 것은 소뇌가 내이(內耳, 속귀)의 전정기관(신체의 균형과 위치를 파악하여 평형감각을 담당하는 기관_옮긴이)과 함께 소형 자이로스코프(바퀴의 축을 삼중의 고리에 연결해 어느 방향이든 회전할 수 있도록 만든 장치_옮긴이) 같은 기능을 하기 때문이다. 이 둘의 관계는 전정-소뇌 시스템(vestibulo-cerebellar system)이라는 말이 있을 정도로 밀접하다. 전정-소뇌 시스템은 우리 몸이 균형을 잃지 않고 복잡한 동작을 잃지 않고 잘 할 수 있게 하는 데에도 관여한다.

뇌 안에서 벌어지는 일(전정-소뇌 시스템이란)

물고기가 물속에서 자신의 자세를 특별히 의식하지 않고도 자동적으로 유지하거나 바꿀 수 있는 것은 전정-소뇌 시스템 덕분이다. 전정-소뇌 시스템은 물고기가 균형을 유지하고 자신이 수직으로 움직이고 있는지 아니면 수평이나 사선으로 움직이고 있는지를 '의식'하게 만들기 위해 끊임없이 노력하고 있다.

이와 같은 방향 체계는 수백만 년 전부터 물고기가 우리보다 앞서 진화시켜 왔지만, 인간의 경우에는 훨씬 더 복잡하게 진화되어 왔다. 어찌나 복잡한지 우리의 소뇌와 전정기관은 생후 몇 년이 지나야 제대로 기능을 발휘할 수 있게 된다.

아기가 걸음마 배우는 것을 보면, 인간의 소뇌가 인생의 초기 단계에서 얼마나 미성숙하고 발달이 불충분한지를 쉽게 알 수 있다. 아기가 걷기 시작할 때 술 취한 사람처럼 비틀거리지만 그저 사랑스러울 뿐이다. 그러나 아기가 나날이 성장하듯이 우리의 전정-소뇌 시스템은 성장함에 따라 깜짝 놀랄 만큼 새로운 신체적 기술을 터득할 수 있다!

자전거 타는 것을 예로 들어보자. 사람들은 대부분 처음에는 균형을 잡고 흔들림을 제어하며 넘어지지 않기 위해 필요한 소근육들의 움직임을 조절하는 것을 어려워한다. 그러나 서서히 어떻게 하면 균형을 유지할 수 있는지 익히게 된다. 당신의 전정-소뇌 시스템은 당신의 운동 뉴런과 연결되어 있다. 당신은 이리 비틀 저리 비틀하다가 짜잔, 곧 자전거를 제대로 탈 수 있게 된다. (당신이 전두피질, 즉 비판적 사고를 하는 뇌의 피질 부분에 의존해 자세 수정을 계산해야만 한다면 매번 넘어지게 될 것이다. 전두피질의 사고는 소뇌의 계산에 비해 약 10만 배나 느리기 때문이다.)

얼마간 연습을 하고나면 (어떤 사람은 오래 연습하고, 어떤 사람은 잠깐이면 되겠지만) 자전거 타기는 신경학적으로 필수적인 과정이 내장되어 반사적으로 할 수 있게 된다. 한동안 자전거를 타지 않아 감이 떨어졌다고 느끼고, 다시 타야 할 때 전정-소뇌 시스템이 작동해 당신이 감을 잡도록 할 것이다. 그러나 소뇌가 부설하는 경로는 지속되는 경향이 있다. 한번 자전거를 타게 되면, 수십 년 동안 자전거를 타지 않아도 다시 탈 수 있다. 그래서 "자전거를 타는 것과 같아."라는 말은 한번만 배우면 평생 쓸 수 있는 기술을 뜻한다.

순간적으로 결단을 해야 하는 사람들-피아니스트, 신경외과 의사, 비상 착륙을 시도해야 하는 조종사 등-은 전정-소뇌 시스템에 의지하고 있다. 그러나 (TV 등을 통해) 화려한 동작을 뚜렷하게 알아볼 수 있는 미식축구 쿼터백을 생각해 보자. 필드 바닥을 보면서 상대의 태클과 수비를 피해 달려야 하기 때문에 몸의 균형을 잡는 것은 아주 중요하다. 신체 균형 유지는 쿼터백의 숙명 가운데 하나이다. 하지만 그게 다가 아니다. 쿼터백이 해야 하는 모든 관측과 계산 그리고 이에 기초한 순간적 결단 들을 정리한다면 그 항목은 수백 개가 넘을 것이다. 쿼터백이 이런 것을 하는 데에 시간이 얼마나 들까? 일반적으로 프로 쿼터백은 센터에서 공을 받은 지 2.8초 안에, 공을 다른 선수에게 패스하거나 멀리 던지거나 혹은 공을 들고 뛸지를 결정해야 한다.

분명히 쿼터백에게는 각도기와 계산기를 들고 앉아서 공을 던지는 거리와 각도를 계산할 시간이 없다. 심지어 의식적으로 비슷한 상황에 대한 기억을 더듬으면서 무엇을 할지 결정할 시간조차 없다. 그의 결정은 -우리는 이것을 의식적인 결정이라기보다 극도로 빠른 반사신경이라고 생각하지만- 즉석에서 획기적 성과를 낼 수 있을 때까지, 오랜 시간을 들인 영상 분석, 후보 선수들과의 연습 경기, 실전 같은 경기, 혹독한 터치다운 훈련 등 실로 엄청난 양의 훈련에서 얻는 것이다. 그래서 필드에서 쿼터백의 결정은 거의 자동적으로 이뤄진다. 이 과정 전체-폭포처럼 쏟아지는 뇌의 분기점과 시냅스 발화-는 새로이 작위를 받은 (소뇌의 중요한 기능은 최근에야 알려졌다._옮긴이) 소뇌의 영역에서 일어난다.

물론 일이 잘 안 될 수도 있다.

이것을 시도해 보라. 검지로 코끝을 만진 후, 같은 손가락으로 30센티미터 정도 떨어진 당신의 발 또는 벽이나 책이나 가구 등 무엇이든 만져 보라. 그런 다음 손가락을 코끝에 댄다. 당신이 이 모든 것을 쉽게 할 수 있다면, 당신은 당신의 소뇌에 감사해야 한다. 소뇌는 당신이 만지고자 하는 것들의 순서와 거리와 방향을 제대로 파악하면서 기능하고 있다. 만약 벽까지의 거리를 제대로 가늠하지 못해 다시 짚으려 하거나, 코가 아닌 다른 곳을 만진다면, 이는 당신에게 운동(거리)측정 장애(dysmetria)가 있다는 뜻으로, 당신의 소뇌가 제대로 기능하지 못하기 때문에 벌어지는 증상이다. 보통은 부상(수술, 외상, 감염, 뇌졸중, 또는 여타 뇌손상) 때문에 발생한다. 소뇌 기능 장애의 또 다른 신체적 증상으로는 균형 상실, 비틀거림, 보행 장애 등이 있다.

소뇌 기능 개선=ADHD 증상 개선

1998년 우리는 소뇌에 대한 이해를 혁신적으로 발전시켰는데 뜻하지 않게 ADHD에 대한 큰 영향을 미쳤다. 하버드 의대 신경학 교수이자 매사추세츠 종합병원 의사인 제러미 슈머맨(그는 현재 같은 병원 슈머맨 신경 해부학 및 소뇌 신경 생물학 연구소 소장으로 있다.)은 그의 연구를 바탕으로 인지과학 동향에 관한 논문을 발표했다. '사고의 운동측정장애(Dysmetria of Thought)'라는 논문에서 그는 소뇌의 기능 부전으로 신체적 균형뿐만 아니라 감정적 균형도 잃을 수 있음을 시사했다. 다시 말해 오래 전부터 소뇌가 보행과 움직임의 자이로스코프 즉 균형자로 기능한다고 알려진 것처럼 '소뇌는 인지하는 과정과 감정을 느끼는 과정의 속도, 능력, 일관성, 적절성을 조절한다.'고 설명했다.

소뇌가 새로운 기술을 배우고, 감정을 조절하고, 집중력을 유지하는 능력과 관련해 중요하고 중심적인 역할을 하고 있음을 보여줌으로써, 슈머맨은 그동안 여러 세대로부터 물려받은 지혜를 뒤집었다. 그는 소뇌의 기능과 관련해 오랫동안 알려져 왔던 것을 기반으로 혁신적인 설명을 이끌어냈다. 그는 뇌 뒤쪽에 있는 두 개의 방울, 즉 소뇌에 훨씬 더 거대하고 중심적인 역할이 부여되어 있다고 가정했다.

실제로 신경학에서는 소뇌 인지 정동 증후군(cerebellar cognitive affective syndrome)이라고 하는, 간단히 슈머맨 증후군이라고도 하는 지금은 흔히 알고 있는 증후군이 있다. 이는 뇌졸중, 외상, 종양의 외과적 절제, 유전적 이상, 또는 기타 상해로 인해 소뇌에 가해진 손상에 기인한다. 소뇌 인지 정동 증후군의 증상에는 집행기능의 이상, 언어 구사 장애, 공간 인지의 어려움(시계나 입방체 같은 것을 그려 보게 해서 평가할 수 있다.) 및 감정 조절 장애 등이 있다. 인지 문제와 관련된 항목들이 익숙하지 않은가? ADHD의 항목과 상당히 유사하기 때문이다.

또 2004년의 다른 논문에서 슈머맨은 사고, 감정, 행동의 안정제로서 기능하는 광범위 소뇌 변환 능력(universal cerebellar transform)이라는 아이디어를 소개했다. 그는 광범위 소뇌 변환 능력을 '진동 완충기'라고 불렀다. 광범위 소뇌 변환 능력이 사고, 감정, 행동의 불규칙한 변동을 줄이는 작용을 하기 때문이다. 광범위 소뇌 변환 능력이 손상된 사람들의 사례 연구를 통해, 슈머맨은 광범위 소뇌 변환 능력이 자전거를 탈 때처럼 의식적인 사고를 중단하지 않고 자동적으로 "모든 영역에서 원활하게 행위를 할 수 있다."고 설명했다. 또한 광범위 소뇌 변환 능력은 슈머맨이 말한 '항상성 기준선(homeostatic baseline, 생물체가 외부 환경과 생물체 안의 변화에 대응하여 체내 환경을 일정하게 유지하려는 현상_감수자)'을 유지하는 데 도움이 되며, 의식 수준으로 올라가지 않는 작은 신호를 전송함으로써 감정적 및 인지적 안정성을 유지하도록 한다. 이는 적어도 부분적으로는 당신의 마음이 혼란스럽지 않은 상태에서 수정, 중단, 도전을 거듭하며 사고를 이끌어가는 방법을 설명하고 있다. 또한 어떻게 사이코가 되지 않고도 극도의 흥분 상태에서 사랑을 고백할 수 있는지, 또는 어떻게 분노한 상태에서도 감정에 북받쳐 앞뒤가 맞지 않는 말을 하지 않을 수 있는지 알려준다. 부상을 입거나 장애가 있는 그의 환자들 중 많은 사람들은 이러한 능력이 부족했다.

앞서 말했듯이, ADHD에 대한 핵심적인 도전 과제는 작동하는 속도나, 분출하는 감정 모두에서 최상급인 페라리 같은 뇌에 대한 브레이크 성능을 개선하는 것이다. 슈머맨의 연구가 모든 종류의 소뇌 손상이 브레이크의 제어력 상실로 이어질 수 있다고 증명했다면, 소뇌를 강화하거나 정상 작동 상태로 되돌림으로써, 당신은 자신의 재능이나 가능성을 충분히 발휘하면서 사고와 감정에 대한 통제력, 즉 브레이크 성능을 강화할 수 있다.

슈머맨의 연구, 그리고 ADHD인 사람이 그렇지 않은 사람보다 소뇌충부 즉 소뇌의 중앙선을 따라 이어지는 띠가 약간 작다*는 것을 보여주는 여타 MRI 연구들을 보면, 마치 웨이트 트레이닝으로 근육을 자극하는 방법처럼 소뇌/전정-소뇌 시스템을 자극하는 방법이 ADHD의 부정적인 증상을 줄이는데 도움을 줄 것이라 생각할 수도 있다. 이러한 생각은 2장에서 설명한 뇌가 평생에 걸쳐 변화할 수 있다는 개념 즉 신경 가소성 개념으로부터 큰 도움을 받았다. 뇌의 모든

---

* 이 차이는 진단 테스트에 기여할 만큼 크지는 않지만 MRI의 대규모 그룹 집합체에서는 중요하며 또한 조사할 가치가 있을 정도로 큰 차이이다.

영역 중 소뇌는 가장 가소성이 있고 모든 영역 중 가장 변화하기 쉬우며, 기존 뉴런의 성장을 촉진하고, 스캔을 하면 나무의 꼭대기 줄기처럼 복잡하게 서로 연결된 가지로 더욱 잘 변하는 것 같다. 기본적으로 소뇌를 소뇌 체육관에 데리고 가서, 소뇌를 강화할 수 있다는 것을 나타내고 있다.

그리고 바로 이것이 현재의 많은 치료법이 목표로 하는 것이다.

새로운 치료법: 균형 잡기

내이(內耳)의 평형 기능을 개선하고 소뇌의 힘을 강화시키기 위한 분명한 방법은 '균형을 잡는 것'이다. 그리고 균형을 잡는 운동을 이용해 ADHD(및 난독증)를 개선할 수 있으리라는 생각은 지난 수십 년 동안 많은 사람들이 해온 것이었다. 1960년대에 프랭크 벨가우라는 사람이 밸런스 보드를 발명했다. 균형과 학습은 밀접하게 관련되어 있다는 그의 관찰 경험에 근거해(휴스턴의 특수교육 교사였던 벨가우는 그 자신이 큰 학습 문제를 안고 있었다.), 벨가우는 자신의 학생을 돕기 위해서 밸런스 보드 치료를 개발했다*. 그는 자신의 치료법에 대해 과학계가 공인하여 상업적으로 성공하기에 필요한 엄밀한 연구를 수행한 적은 없다. 하지만 많은 사람들이 그를 믿고 따른다. 그가 발명한 보드는 지금도 러닝 브레이크스루(Learning Breakthrough)라는 회사의 지원으로 판매되고 있다.

---

* 할로웰 박사는 벨가우의 회고록 《균형 잡힌 삶 A Life in Balance》의 서문을 썼다.

숙련된 카이로프랙틱 치료사인 로버트 메릴로는 벨가우의 작업에서 한 걸음 더 나아가 《연결되지 않은 아이들(Disconnected Kids)》이라는 책을 썼다. 이 책을 토대로 그는 미국 전역에서 100개 이상의 가맹점을 둔 브레인 밸런스 어치브먼트 센터(Brain Balance Achievement Centers)라는 회사를 세웠다. 이 센터에서 개발한 뇌 균형 잡기 운동은 좌뇌와 우뇌의 접속과 비접속에 대한 메릴로의 생각에 바탕을 두고 있다. 메릴로의 뇌 균형 프로그램은 일반 ADHD보다 더 심각한 상태의 어린이를 대상으로 한다. 1주일에 3번, 1시간씩 센터에 가야 하기 때문에, 교통까지 생각한다면 시간이 많이 든다. 그리고 센터에 따라서 요금이 저렴하지 않다. 그러나 이들은 심각한 ADHD 또는 자폐증의 아이들을 성공적으로 치료한다고 생각한다.

공간 인식부터 학습 문제까지 폭넓게 도움이 되는 또 다른 프로그램은 칭 수행(Zing Performance)이다. 할로웰 박사의 아들은 읽기 문제에 칭 수행의 기법을 썼다. 그의 아내는 도로 연석에 부딪히면서 주행하는 습관을 고치기 위해 등록을 했다. 두 사람 모두 이 과정을 통해 큰 도움을 받았다.

칭 수행에서 피험자는 우선 대면 혹은 온라인으로 시선 추적의 속도와 정확도 및 주의 지속 시간에 대해 평가한다. 평가가 완료되면 피험자는 1일 2회, 10분씩 훈련을 한다. 칭에는 다양한 운동을 하는 폭넓은 레퍼토리가 있는데, 모두 흥미롭지만 상당히 힘든 균형 잡기 운동을 하고 신체의 조정력을 높여 소뇌와 전정기관을 자극한다.

이 운동에는 회전 자극-어린이처럼 빙빙 돌아 어질어질해져서 전정기관을 활성화시키는 것-, 측면 자극-여러 가지 테마에 따라 몸을 오른쪽 왼쪽으로 비스듬히 기울이는 것-, 수직 자극-제자리에서 점프하거나, 앞으로 깡충깡충 뛰는 것- 등등이 있다.

벨가우가 개발한 밸런스 보드와 비슷한 워블 보드 위에 서기도 한다. 보드 위에 잘 서 있게 되면, 보드 위에서 눈을 감으라고 한다. 그리고 눈을 감은 채 간단한 계산을 하게 하거나 연속되는 숫자를 거꾸로 되짚게 한다. 눈을 뜬 채 워블 보드 위에서 공 2개를 공중에 던지고 받게 한다.

세부 사항이 무엇이냐에 상관없이, 피험자가 프로그램을 진행함에 따라 난이도는 올라가고, 전체 과정은 보통 3~6개월이 걸린다. 하지만, 고통이 없으면 얻는 것도 없다! 그리고 분명히 얻는 것이 있다. 이런 운동을 충실하게 행할 경우, 실제로 전정기관도 충실히 작동해 ADHD 증상의 개선을 보고하는 관찰 보고서가 쌓이고 있다.

칭은 유효성을 높이고 신뢰할 수 있는 기준을 확립하기 위해 무작위 대조 실험을 위한 자금을 모으고 조직을 꾸리고 있다. 지금까지, 칭 프로그램에는 인상적인 숫자들이 있다. (모든 연령대의) 5만 명이 ADHD 및 / 또는 난독증 치료를 위해 칭 프로그램을 경험했다. 칭의 창설자인 윈퍼드 도어에 따르면 이들 중 80퍼센트가 큰 성공을 거두었다. 도어 자신은 치료될 것이라 확신하고 있어서 참여하는 사람들에게 (불만족할 경우에) 환불을 약속한다. 그런데 환불 요구는 거의 없다고 한다. (자세한 내용은 윈퍼드 도어와 할로웰 박사 인터뷰에서 보라. hallow-ell.zingperformance.com)

개인적인 덧붙임: 우리는 물리도록 수많은 돌파구를 보았다. 뭔가 새롭고 신나는 치료법이 나오면 쇠뿔도 단김에 빼랬다고 될 수 있

는 한 빨리 그 방법을 배웠다. 우리는 신약, 새로운 기기, 새로운 뇌 단련 게임이 처음 나왔을 때 엄청 기대를 얻었지만 결국 용두사미가 된 것을 많이 보았다. 하지만 할로웰 박사는 그의 환자들 중 몇 명에게 칭 치료를 제공하여 좋은 결과를 얻고 있다. 적어도 칭 프로그램은 분명 우리 공구 상자에서 특별한 것이며, 게임 체인저가 될 것으로 기대한다.

내이(內耳)와 생각의 틀을 깬 의사

슈머맨 박사가 소뇌민감성과 내이의 기능에 관한 연구를 발표하기 20여 년 전에, 아주 도전적인-관점에 따라서는 다소 삐딱한- 의사가 ADHD(및 난독증)의 치료에 성공하기 시작했다. 우리는 그의 치료법을 슈머맨 박사의 연구로 설명할 수 있다고 생각한다. 선구안을 가진 개척자 해럴드 레빈슨은 의학 박사이고 (이 글을 쓰는 현재) 개업의로 일하고 있지만, 그는 아직도 의업계 주류에서 벗어나 있는 것 같다. 그의 기본적인 치료법은 안티바트나 보닌, 드라마민 혹은 최근에 적용 범위가 넓게 처방되는 베네드릴(모두 항히스타민제 계열의 약물_감수자) 등의 멀미약을 ADHD와 난독증 환자들에게 처방하는 것이었다. 레빈슨은 환자들이 좋은 결과를 보이고 있다고 보고하고 있다. 우리는 그가 이렇게 선구적인 치료법을 쓴 것에 경의를 표한다. 그의 특이한- 더 이상은 이상하게 들리지 않는- 처방이 적어도 긍정적인 결과로 이어지지 않았다면 수십 년 동안 환자들이 찾아오지 않았을 것이다.

내이와 전정기관이 ADHD, 난독증 및 기타 다양한 증상에서 중요한 역할을 한다는 것이 밝혀지고 있는 지금, 레빈슨 박사는 더욱 존중받아야 한다.

한편, 우리 두 사람은 ADHD, 난독증, 임기응변적 주의력특성^{VAST}에 항히스타민제(두드러기, 발적, 가려움 등의 알레르기성 반응에 관여하는 히스타민의 작용을 억제하는 약물_감수자)나 멀미약을 처방하지는 않는다. 우리 스스로 그 약물의 효용에 대해 충분히 연구하지 않았기 때문이다. 하지만 우리 둘 다 전정-소뇌 시스템이 이전에 이해했던 것보다훨씬 많은 역할을 하고 있다는 증거에 동의한다.

실제 사례: 중국의 새뮤얼

할로웰 박사는 최근 이메일로 상하이의 남자아이를 상담했는데(매우 드문 사례이지만 흥미로운 경우였다.), 이때 전정-소뇌 시스템 자극을 이용했다. 할로웰 박사의 이야기는 균형을 잡는 것의 힘뿐 아니라 이 책을 통해 우리가 강조하는 다른 주제, 즉 연결을 발견하고 약점보다는강점에 초점을 맞추는 힘을 보여준다.

2018년 10월 화창한 월요일 아침, 나는 상하이 원형 극장의 넓은무대에 섰다. 관중석에 중국의 성인 250여 명이 들어찼는데 그 가운데 90퍼센트가 여성-학부모, 교사, (알고 보니) 할머니들까지-이었다.

강연이야 수도 없이 했지만 그날은 긴장했다. 전날 상하이에 도착한 나는, 1607년 제임스타운에 정착한 이래 기껏해야 4백 년의 역사를 가진 나라에서 온 내가, 3천 년의 장구한 역사에, 언어도 완전히 다르고, (미국 대비) 4배의 인구를 가진, 그리고 한평생 책에서 읽긴 했지만 도저히 이해할 수 없는 정치 체제에서 사는 사람들에게 내 생각을 제대로 전달할지 걱정이 앞섰다.

적어도 나는 ADHD를 이해했다. 나는 오랫동안 중국 어린이들을 돕기 위해 태평양을 넘어 그들에게 다가가는 꿈을 꾸었지만, 중국인들이 그걸 어떻게 받아들일지는 몰랐다. 인간관계에 대해 강조하는 나의 생각이 이해받을 수 있을까? 아직도 학교에서 체벌을 하는 나라에서, 무엇보다도 교실에서 아이들이 안전하고 안심할 수 있도록 해야 한다는 생각을 강조하는 미국인을 받아들일까? 기억력은 컴퓨터가 사람보다 월등하게 좋기 때문에, 교사는 암기가 아니라 학생의 창의력을 키우는데 힘써야 한다는 생각을 중국인들은 어떻게 생각할까? 주의력 문제와 감정의 문제라는 개념 전체가 실은 엄격한 훈육의 변형임을 인정할 수 있을까?

나는 다른 강연에서는 단 몇 초 만에 관중의 분위기를 파악하곤 했다. 내 옆에 통역이 서자, 나는 숨을 한 번 크게 들이쉬고 말을 하기 시작했다. 나는 그때까지 통역을 통해 강연을 한 적이 없었다. 그런데 이번에는 달랐다. 짧은 문장을 말하고, 통역하기를 기다리고, 다시 그 다음 부분을 말하고, 통역을 위해 잠깐 쉬고, 다시 말하곤 했다. 처음으로 메모도 슬라이드도 대본도 없었다. 내 강연의 대부분은 (사생활을 보호하기 위해 성격과 문제점은 가공했지만) 실제로 내가 임상을 보고 있는 어린 환자의 케이스를 들어 복합적인 성격의 행위, 진단 그리고 (환자에게) 공감하며 환자의 강점에 기반한 치료를 설명했다.

처음에는 청중을 전혀 파악할 수 없었다. 이 여성들은 자기들은 중국어로 말하는데 내가 통역도 없이 영어로만 말하고 있는 양, 나를 멍하니 쳐다보았다. 하지만 통역의 번거로움에 조금씩 익숙해지면서, 나는 통역을 듣는 그들을 지켜보았다. 청중의 표정이 조금씩 바뀌는 것을 볼 수 있었다. 약간씩 변하는 표정, 그것이면 충분했다.

나는 청중의 에너지를 흡수했고, 강연은 점점 활기를 띠었다. 나는 그들이 웃는-실제로는 웃음을 참지 못해 킥킥거리는- 것을 보았다. 그들은 내 강연에 공감을 보내며 웃고 있었다. 나의 생각이 청중에게 공감을 얻고 스며들고 있음을 느꼈다. 통역을 위해 잠깐 말을 멈출 때 눈물을 흘리는 청중도 볼 수 있었다.

강연이 끝나자 큰 박수가 터져 나왔고, 수많은 사람들이 나를 만나러 오거나 중국어로 번역된 내 책을 사기도 했다. 그런데 어머니 한 분이 내 앞에 바짝 긴장하고 서 있었다. 다른 사람들이 다 말한 후, 나는 그녀가 말할 기회를 잡지 못하고, 계속 머뭇거리며 기다리고 있음을 알아차렸다. 그래서 그분께 말씀을 하시라고 청했다. 그분은 나에게 고맙다고 하며, 강연에서 설명한 주의 문제를 겪고 있는 소년의 케이스와 자신의 일곱 살짜리 아들이 완벽하게 똑같다고 말했다. 그 아이에 대한 말을 들을 때, 나는 입을 떼지 않으려고 꾹꾹 참았지만 결국 말이 튀어나오고야 말았다. "아이를 도와야 해요! 지금 당장이요." 하지만 어떻게 해야 할까? 어머니가 상하이에 거주하기 때문에 나는 서로 이메일을 주고받으며 계획을 세우자고 제안했다.

우리는 강연 후 몇 달 동안 그렇게 했다. 뒤이어 일어난 일은 40여 년 경력 중 내가 저지른 일 가운데 가장 독특한 경우였다. 나는 그때 릴리라는 그 어머니를 1분 정도 만났을 뿐이다. 나는 그녀의 아들인 환자를 만난 적이 한 번도 없다. 편의상 새뮤얼이라고 부르자.

하지만 릴리는 이런 상황에 주눅 들지 않았다. 릴리는 상하이에서 새뮤얼에게 필요한 도움을 얻으리라고 느끼지 못했다. 나는 이메일로 릴리에게 물었다. "제가 어머니와 어머니의 아들을 돕기 위해 무얼 할 수 있을까요? 1만 킬로미터도 더 떨어진 곳에서, 어머니나 환자, 환자의 아버지, 학교, 교사, 언어, 학교의 교과 과정, 문화적 관습, 동원할 수 있는 자원 등등 기본적으로 아무 것도 모르는 상태인데요."

그런데 나 자신의 ADHD와 임기응변적 주의력특성^{VAST}의 특성이 작용했다. 엄청난 도전이 나를 흥분시켰다. 이것은 나에게 딱 맞는 도전 과제라고 느꼈다(5장을 참조하라!). 릴리는 내가 시도하기를 원했다. 나는 최소한 환자에게 해가 될 것은 아니라고 생각했다. 그래서 나는 이메일을 썼다. "까짓 거 한번 해 보죠!"

우선, 이력을 알고 진단을 내려야 했다. 새뮤얼은 학교에서 문제를 겪고 있었다. 릴리는 새뮤얼의 사진을 보내 주었다. 파란색 반바지에 노란색 셔츠를 입고 밖에서 축구를 하는 아주 귀여운 남자 아이였다. 새뮤얼은 쾌활하고 호감이 가고 행복해 보였다. 하지만 릴리는 이메일에서 새뮤얼은 집중을 못하고, 나다니다 길을 잃고, 성적이 너무 낮다고 했다. 새뮤얼은 날이 갈수록 불행해져만 갔다.

게다가 새뮤얼은 원래 왼손잡이인데, 중국에서 흔히 그러듯 오른손잡이로 '고쳤다'고 했다. 이런 '수정'은 종종 문제를 일으킨다는 것을 나는 알고 있었다.

릴리가 그것을 어떻게 받아들일지 또는 그녀가 그것을 이해할 수 있을지 몰랐기 때문에, 나는 그녀에게 ADHD에 대한 DSM-5 기준을 전송하고 새뮤얼에게 해당한다고 느낀 모든 증상을 체크해 달라고 부탁했다.

내가 이메일을 전송한지 24시간도 되지 않아 그녀는 바로 답장을 보냈다. 그녀의 의견으로는 새뮤얼은 DSM-5의 목록에 있는 모든 증상을 가지고 있었다. 이것이 전통적인 평가일 경우, 진단은 명확해진다. 복합형 ADHD이다.

정신 의학적 치료는 무엇보다도, 그리고 다른 어떤 전문 분야보다도 환자와 의사의 관계가 중요하다. 기술적으로는 새뮤얼이 환자였지만, 임상적으로 환자는 릴리였다. 그녀와 나는 멋진 스타트를 끊었다.

우리를 둘러싼 그 모든 문제에도 불구하고, 다행히 릴리는 영어를 능숙하게 말하고 쓸 수 있었다. 그래서 내가 중국어를 모른다는 것이 그리 문제가 되지 않았다. 그리고 릴리는 매우 의욕적이었고, 아들을 돕기 위해 나와 함께 작업하기를 원한다고 이미 밝힌 바 있다.

하지만 나는 이메일을 통해 내 제안에 따르는 것만으로 릴리가 실행할 수 있는 치료 계획을 마련할 수 있는지 스스로에게 물어야 했다.

릴리는 쉽게 정신과 의사를 만날 수 없었다. 왜냐하면 중국에는 나와 협조할 수 있는 의사가 없었기 때문이고 이는 우리가 약물을 쓸 수 없다는 것을 뜻했다.

이가 없으면 잇몸으로. 우리는 빠른 속도로 의사소통을 할 수 있는 이메일을 쓸 수 있었고, 의욕이 넘치고 지적인 엄마, 두말할 것도 없이 의욕이 넘치고 똑똑한 소년이 있는 축복받은 상황에 놓여 있었다.

분명히 어려운 도전이었는데 이게 재밌어지기 시작했다. 나는 다음 요소에 기초하여 치료 계획을 작성했다.

1. 나와 릴리 사이에 신뢰 구축.
2. 릴리는 나의 책 《주의 산만》의 중국어판을 읽고, 나의 배경과 ADHD 환자에 대한 권고들을 남편과 새뮤얼 그리고 학교의 교사에게 설명할 수 있었다.
3. 강점 기반의 모델. 릴리는 새뮤얼에게 그의 뇌 기능은 경주용 자동차급이지만, 자전거급의 브레이크를 갖고 있다고 설명했다. 나는 릴리에게 새뮤얼이 경주용 자동차급의 두뇌는 자랑스럽고 훌륭한 자산임을 이해하는 것이 중요하다고 말했다. 그에게 꼭 필요한 일은 단지 브레이크를 밟는 것이었다. 그렇게 하면, 새뮤얼은 경주에서 승리하고 챔피언이 될 수 있다.
4. 인간관계와 따뜻함. 나는 릴리에게 아침저녁으로 새뮤얼을 꼭 껴안아 주고, 엄마가 아들을 얼마나 사랑하는지 말해 주라고 요청했다. 나는 '터치'의 중요성을 강조했다. 새뮤얼은 학교에서 너무나 질책을 많이 받았기 때문에 집에서는 자기가 사랑받는다는 것을 충분히 느껴야 했다. 나는 또 학교에 그에 대한 체벌을 그만두라 부탁하라고 릴리에게 말했다. 학교에서 더 이상 체벌을 받지 않게 되면, 나는 새뮤얼이 훨씬 더 급속도로 호전될 것이라고 확신했다. 내가 공손하게 학교에 제안한 것은 "상냥하고 따뜻하게 대해 주세요."였다.
5. 긍정적인 사고의 촉진. 나는 릴리에게 그가 성공할 수 있다는 것뿐 아니라 그가 분명히 성공할 것이라고 확신하도록 끊임없

이 새뮤얼에게 "너는 할 수 있어. You can do it." 접근법을 쓰라고 말했다.

6. 릴리는 매일 밤 새뮤얼에게 큰 소리로 이것을 읽어 주었다.

7. 매일매일 학교에 가기 전에 릴리는 새뮤얼에게 엄마가 너를 얼마나 사랑하는지, 네가 얼마나 좋은 두뇌를 타고 났는지, 필요한 것은 브레이크 기능을 향상시키는 것뿐이고, 언젠가 네가 챔피언이 되어 가족과 나라에 크게 공헌할 것이라고 말해 주었다.

8. 새뮤얼에게 균형 잡기 운동(소뇌 자극)을 하게 하였다. 새뮤얼은 이전부터 축구를 했고, 여러 가지 전통적인 운동을 했다. 그래서 나는 릴리에게 균형 감각과 신체의 협응능력을 높이는 일련의 운동 목록을 주었다. 릴리에게 설명했듯이 이것은 칭 프로그램을 내 식대로 재조합한 것이었다. 새뮤얼은 매일 30분 동안 순서 상관없이 다음과 같은 균형 잡기 연습을 해야 했다. 나는 릴리에게 새뮤얼이 순서를 바꾸어 하면 지루하지 않을 것이라고 안심시켰다. 그리고 말했다. "가능하면 균형을 잡기 어려운 바닥이 둥근 워블 보드를 구하세요. 또, 발이 바닥에 닿지 않게 앉을 수 있을 만큼 커다란 (공기를 불어넣는) 짐 볼을 구하세요."

1. 한 발로 서서 1분, 혹은 버틸 수 있을 때까지 서 있는다.
2. 한 발로 서서 눈을 감고 1분, 혹은 버틸 수 있을 때까지 서 있는다.
3. 양말을 벗은 뒤, (의자나 바닥에) 앉지 않은 채 양말을 신는다.
4. 워블 보드 위에 서서 버틸 수 있을 때까지 버티고, 최대 5분

간 버틴다. 그런 다음 눈을 감고 다시 시행한다.

5. 짐 볼에 앉아 바닥에서 발을 떼고 버틸 수 있을 때까지, 최대 5분까지 버틴다. 그런 다음 눈을 감고 다시 시행한다.

6. 카드 대여섯 장을 바닥에 놓는다. 한 발로 서서 몸을 굽혀 한 번에 한 장의 카드를 집는다.

7. 로우 플랭크 자세(팔꿈치를 접어 바닥에 대고, 다리는 최대한 뒤로 쭉 뻗은 상태_옮긴이)를 3분간 시행한다.

8. 저글링을 배워서, 3~5분 동안 저글링을 한다.

새뮤얼은 곧 운동을 시작했고, 릴리도 매일매일 프로그램의 마지막까지 최선을 다했다. 아들을 아침저녁으로 껴안고, 남편에게도 똑같이 하도록 했다. 그들은 새뮤얼과 이야기하는 방식을 바꾸었고, 학교에도 그렇게 해 달라고 부탁했다. 학교에 이렇게 요청하는 이유를 알리기 위해 릴리는 우리의 책을 담임선생님과 공유했고, 담임선생님은 이것을 또 학교 관리자들과 공유했다. 새뮤얼이 개선되기 시작하자, 학교 측에서는 신체적 체벌을 중지하기로 했다.

릴리가 말하는 것을 들으니, 새뮤얼은 몇 주 안에 매우 뚜렷하게 개선되기 시작했다. 새뮤얼은 학교에서 훨씬 좋아졌다. 그는 전보다 훨씬 집중하고, 수업을 방해하는 일은 줄어들었으며, 숙제도 잘하고, 수업에도 훨씬 더 성공적으로 참여했다. 새뮤얼이 달라졌다는 소식은 흥미진진한 가십처럼 퍼져 나갔다. 학부모들은 새뮤얼에게 무슨 일이 일어났는지 알고자 했다. 성적이 그렇게 높아진 이유가 대체 뭐란 말인가? 학부모들은 릴리에게 도대체 자신들과 다르게 한 것이 무엇이냐고 물었다. 릴리는 큰소리로 야단치거나, 때리지 않아도 된다고 설명했다. 많은 사람들이 릴리의 남편이 이 계획을 따르는 것에 대해 놀랐지만, 아무도 그 결과를 부정하지 못했다. 즉 새뮤얼이 훨씬 좋은 방향으로 행동하고 있고, 훨씬 더 행복하다는 것 말이다. 릴리는 다른 사람들이 감명 받은 것 같다고 보고했다. 이 모든 변화는 불과 몇 주 만에 일어났고, 그 후 몇 달 동안 지속되었다.

연결. 교육. 소뇌 자극에 중점을 둔 운동. 강점 기반의 모델.

어느 날 새뮤얼은 국어 시험에서 일등을 해서 초콜릿을 받았다. 그는 초콜릿을 집으로 갖고 와 엄마에게 주었다. 릴리가 물었다. "지금 초콜릿 먹을까?"

새뮤얼이 답했다. "안 돼요! 엄마, 그 초콜릿은 너무너무 귀해요. 아까워서 못 먹어요."

이 성공담의 첫 번째 중요한 요소는 연결이었다. 내 강의를 통해서 환자의 어머니와 직접 연결되는 것이 굉장히 중요했다. 나는 중국어를 조금도 몰랐는데, 릴리는 영어를 했다. 우리는 자동 번역 프로그램을 통해 빈칸을 메꾸듯 모자란 것을 채웠다. 내가 제공한 정보는 릴리의 눈을 뜨게 만들었다. 그것은 "아하!" 하는 깨달음의 순간이었다. 릴리는 순간적으로 새뮤얼에게 무슨 일이 일어나고 있는지 볼 수 있었다. 새뮤얼은 게으름뱅이가 아니었다. 그는 꾸지람과 체벌을 당할 필요가 없었다. 그에게 필요했던 것은 단지 그의 경주용 자동차 두뇌를 제어하는 방법이었다. 릴리는 정신적으로 기민한 사람이었고, 필요한 방법을 '이해하고' 곧바로 실천에 옮겼다.

우리가 서로 연결되어 신뢰를 쌓았다면, 그다음 중요한 요소는 교육이었다. 내가 미국에서 해야 했던 것과 비교하면, 두 분 부모님과 몇몇 교사들은 정말 깜짝 놀랄 정도로 빠르게 이 프로그램을 이해하고 따라와 주었다. 중국에 가기 전의 들은풍월에 따르면, 어림 반 푼 어치도 없는 일이었다.

하지만 이후 학교에서 적절한 환경, 좋은 환경을 만드는 것은 매우 중요했다. 내가 제안한 모든 것을 학교는 기꺼이 시행했다. 새뮤얼은 학교의 변화 없이는 그가 이룬 성공을 결코 달성하지 못했을 것이다.

'자전거 브레이크가 달린 경주용 자동차의 두뇌'라는 ADHD 모델을 이해하는 것도 중요했다. 이것은 ADHD에 대한 정확한 판단이며, ADHD는 전혀 부끄러운 것이 아니기 때문이다. 제동을 제대로 걸면 챔피언을 꿈꿀 수 있지만, 그러기 위해서는 새뮤얼이 할 일이 있음을 분명하게 상기시켰다. 여기서 중요한 것은 모델을 일관되게 사용하는 것이었다. "넌 못된 애야!"라든가 "똑바로 해!"라고 말하는 대신 릴리는 "브레이크가 고장이 났네."라고 말했다. 릴리는 여전히 새뮤얼의 특정한 행동을 멈추거나 바꾸기 위해 개입하지만, 이제는 그것을 부끄럽게 생각하지 않는다. 이는 장기적으로 볼 때 아이의 성장과 성공에 대단히 중요하다. 부끄러움은 학습 장애의 가장 큰 장애물이다.

소뇌 운동은 내가 새뮤얼에게 주되게 행한 -실제로는 유일한- 엄격한 치료적 개입이었다. 소뇌 운동의 효과는 경이로웠다. 솔직히 나는 그가 얼마나 급속도로 발전했는지를 보고 놀랐다. 3년 가까이 지난 지금도 나는 릴리와 연락을 취하고 있는 중이다. 릴리는 새뮤얼이 계속 발전하고 있다고 말했고, 그는 잘 성장하고 있다.

이 모든 것이 새뮤얼에게 어떤 의미였을까? '초콜릿이 아까워 못

먹을 정도'. 나는 일곱 살짜리 아이가 자부심을 표현하는 더 이상의
말을 찾지 못하겠다.

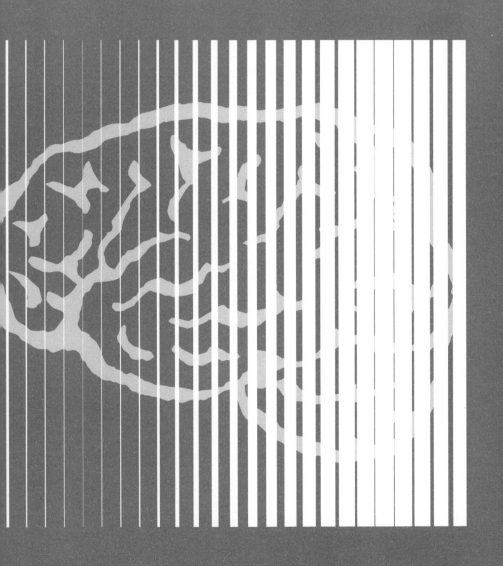

4장
연결의 치유력

1985년 당시 샌디에이고의 카이저 퍼머넌트(Kaiser Permanente)라는 비영리 의료 컨소시엄에서 예방 의학을 책임지고 있던 빈센트 펠리티 박사는 여성을 위한 비만 클리닉을 운영하고 있어 상당히 좋은 결과를 얻었다. 하지만 이해할 수 없는 현상이 반복되었다. 클리닉을 잘 진행하던 많은 환자들이 체중을 줄이는 데는 성공했지만, 목표를 달성하지 못했던 것이다. 어떤 여성은 몸무게가 130킬로그램이었는데, 클리닉을 통해 40킬로그램을 뺐지만 그 후 뚜렷한 이유도 설명도 없이 갑자기 프로그램에서 탈락했다.

호기심 많은 펠리티 박사는 이들 여성을 더 자세히 인터뷰하기로 했다. 그는 무슨 일이 일어나고 있는지 알아야만 했다. 이 심층 인터뷰에서 그가 물어본 질문 중 하나는 "당신은 몇 살 때 첫 성관계를 했습니까?"였다. 하지만 어느 날 수많은 인터뷰에 진절머리가 난 펠리티 박사는 엉뚱한 질문을 했다. (입을 연 순간 바보 같다고 생각했지만 이미 화살은 활시위를 떠난 뒤였다.) "당신이 첫 성관계를 했을 때 몸무게가 얼마나 되었나요?" 이 질문은 그가 한 질문 중 가장 중요한 질문으로 판명되었다. 그건 의학사에 남을 만한 질문이었다.

펠리티는 깜짝 놀랐다. 여성은 질문이 터무니없다고 생각지 않고 대답했다. 극단적 고통을 수반했고, 농담이 아니었다. "20킬로그램이요. 저는 네 살짜리 아이였어요. 아버지였어요." 여성이 대답했다, 그러고 눈물을 흘리기 시작했다.

이는 펠리티 박사가 지금까지 맞닥뜨린 근친상간의 두 번째 경우에 불과했기 때문에 그는 더 이상 이런 케이스를 만나리라고 생각하지 않았다. 그러나 그는 트라우마와 체중 관리의 관계 가능성에 흥미를 느꼈고 그는 이 질문을 정규 인터뷰에 추가했다. 그가 여성들과 인터뷰를 진행하면 할수록, 여성들의 지난 삶에서 근친상간뿐 아니라 다른 종류의 성적 학대가 더 많이 나타났다.

많은 여성들이 체중 감량으로 인해 견디기 힘들 정도로 불안하고 무방비 상태라고 느꼈기 때문에, 펠리티 박사의 체중 감량 프로그램에서 탈락한 것으로 나타났다. 이런 여성들은 그들의 늘어진 뱃살이 있어야 자신을 성폭행하려는 남성의 욕구를 넘어, 안전하다고 느낄 수 있었다. 그래서 자신들이 비만하기 때문에 각종 질병에 노출될 수 있음을 알고 있어도, 자신들이 안전하다고 느끼는 상태를 포기할 수 없었던 것이다.

펠리티의 우연한 발견은, 지금까지 행해진 가장 크고 중요한 공중보건 조사로 연결되었다. 1995년부터 1997년까지 연구자들은 카이저 퍼머넌트에서 약 1만 7000명의 피험자와 인터뷰했다. 이들은 주로 샌디에이고에 사는 대학 교육을 받은 중산층 백인으로, 좋은 의사의 진료를 받는 사람들이었다. 따라서 조사 결과는 빈곤이나, 최상급 의료 환경에 접근하지 못하는 문제로 생겨난 것은 아니었다. 연구자들은 감정적인 또는 신체적인 트라우마나 학대(트라우마를 일으킬 만한 일을 목격하거나 피해자가 되는 것을 포함한다.)를 경험한 적이 있는지, 약물이나 알코올 남용에 노출된 경험(즉 약물이나 알코올을 남용하는 어른들과 함께 생활한 경험)이 있는지, 가족 구성원의 정신 건강은 어떠했는지 등 열 개의 질문을 했다. 결과는 놀라웠다. 한 번이라도 이런 경험을 한 적이 있다고 답한 응답자가 약 66퍼센트나 되었다. 세 가지를 경험했다는 이는 20퍼센트, 네 가지 이상 경험했다는 이는 13퍼센트였다. 해당 경험들은 후에 아동기 부정적 경험 척도(Adverse Childhood Experience Scale, ACE)라고 명명되었다.

최초의 발견 이후 미국 질병 통제 센터(the Centers for Disease Control, CDC)는 이 연구를 계속하고 있으며 아동기 부정적 경험 척도^{ACE} 테스트는 많은 의료 행위에서 표준 선별 도구로 쓰이고 있다. 이는 성인의 신체적, 정신적 건강 문제를 예측할 수 있기 때문이다. 점수가 4점이 넘으면 만성 폐질환이 390퍼센트, 간질환은 240퍼센트, 우울증은 460퍼센트가 증가하며 자살 미수도 1220퍼센트 증가한다. 점수가 1점인 성인의 경우에도 알코올 의존증, 우울증, 이혼율이 현저하게 높아지는 상관관계가 존재한다.

미국의 19대 공중보건위생국장(미국 공중보건 최고책임자_옮긴이)이자 《우리는 다시 연결되어야 한다: 외로움은 삶을 무너뜨리는 질병(The Healing Power of Connection in a Sometimes Lonely World)》의 저자인 비벡 머시 박사는 또 다른 부정적인 상태 즉 외로움을 미국에서 가장 큰 의학적 문제로 정의했다. 〈하버드 비즈니스 리뷰〉에 게재된 글에서 그는 이렇게 말한다.

환자를 돌보는 동안 내가 본 가장 일반적인 병증은 심장병이나 당뇨병이 아니었다. 그것은 외로움이었다. 외로움과 사회적 유대감이 약한 것은 하루에 15개비의 담배를 피울 때 생기는 수명 단축과 같은 정도의 효과를 내며, 비만보다도 더 큰 영향을 미친다. 외로움은 또한 심혈관계 질환, 치매, 우울증 및 불안감의 위험을 증가시킨다. 직장에서 외로움은 작업 수행 능률을 떨어뜨리고, 창의성을 줄이며, 실행 기능에 필요한 어떤 측면(추론이나 의사 결정 등)을 손상시킨다. 우리가 건강하고 일을 하기 위해서는 필수적으로 외로움 팬데믹에 신속히 대처해야 한다.

우리의 ADHD 이야기에서 이것이 매우 중요한 이유는, 짐작할 수 있겠지만, 부모 또는 자녀, 혹은 그 둘 다에 ADHD가 있는 가족에서는 아동기 부정적 경험 척도^{ACE} 점수가 훨씬 더 높기 때문이다. ADHD의 단점인 성능이 나쁜 브레이크는 종종 제어할 수 없는 충동적인 행동을 일으키기 때문에 부모는 자녀를 학대하거나 학대할 가능성이 높고, 자녀는 부모를 도발하거나 소외시키거나 또는 폭행할 가능성이 높다. 부모와 아이 모두에게 위험한 설정이다.

사랑의 치유

아동기 부정적 경험 척도^{ACE} 연구는 어린 시절에 나쁜 일-학대, 무시, 폭력, 마약 복용, 고독, 빈곤, 혼란 등-을 겪으면 어른이 되어 굉장히 나쁜 일을 겪게 된다는 것을 분명히 증명하고 있다. 그러나 분명히 해독제도 있다. 연결, 그것도 긍정적인 연결, 그중 가장 순수하여 사랑이라 불리는 것은 믿을 수 없을 정도로 큰 치유의 힘을 가지고 있다.

컬럼비아대학교 교수이자 정신과 의사인 켈리 하딩은 지난 2019년 저서 《다정함의 과학(The Rabbit Effect)》에서 사랑과 연결의 힘에 대한 연구를 많이 모았다.

이 책의 원래 제목은 '토끼 효과'인데, 높은 콜레스테롤이 심장 건강에 미치는 영향을 증명하기 위해 고지방 먹이를 준 토끼를 연구한데서 따온 것이다. 당연한 일이지만, 토끼를 부검해 보니 관상동맥에 지방이 잔뜩 쌓여 있었다. 건강하지 못했다.

그런데 이상하게도 한 집단의 토끼만이 다른 토끼들보다 혈관에 쌓인 지방이 60퍼센트나 적었다. 같은 종류의 토끼, 같은 먹이, 같은 실험실, 같은 연령이지만 유독 이 집단의 토끼들만 심장에 축적된 지방이 뚜렷하게 적었다. 그것은 연구자들에게 완전히 수수께끼였다. 그들은 뛰어난 과학자들이기 때문에 더더욱 원인을 찾고자 했다. 결국 차이점을 설명할 수 있는 뚜렷한 변수는 먹이, 운동, 유전적 특징 또는 과학자들이 기대하는 다른 표준적인 원인과 아무런 관계가 없었다.

원인은 뜻밖에도 그 토끼 그룹을 관리한 실험실 기사의 태도였다. 그 기사는 먹이를 주거나 케이지를 청소할 때 말도 걸고, 안아 주고, 쓰다듬으면서 토끼들을 사랑스럽게 대했다. 반려동물을 무조건적으로 사랑하는 주인처럼 기사는 토끼들을 깊이 사랑했다. 그녀는 단순한 실험실 기사가 아니라 사랑의 제공자였다. 사랑이 차이를 낳았다.

일반적으로 그랜트 연구라고 불리는 유명한 연구가 있다. 하버드 의과대학 연구자들이 1939년부터 1944년까지 하버드대학교 2학년생 268명을 선발하고 이들의 평생을 추적한, 72년간에 걸친 연구로 공식적으로는 '하버드대학교 성인발달연구'라고 한다. 40여 년 동안 연구를 이끈 하버드 의과대학 교수 조지 베일런트에 의해 큰 주목을 받고 있는 이 연구는 하버드대학교 정신과 의사인 로버트 월딩거 주도로 현재도 진행 중이며, 지금까지 행해진 성인의 발달과 성장에 관한 최장기 종단 연구로 진행되고 있다. 베일런트의 결론은 아름답고 설득력 있고 단순하다. 건강, 장수, 직업상의 성공, 수입, 리더십 능력 및 일반적인 행복을 예측하는데 가장 중요한 요소는 짧은 말로 요약된다. '사랑, 이상 끝.(love, full stop.)' 베일런트의 이 말은 유명한 말이 되었다.

베일런트는 《행복의 비밀: 75년에 걸친 하버드대학교 인생 관찰 보고서(Triumphs of Experience: The Men of the Harvard Grant Study)》에서 그랜트 연구에서 발견한 것을 요약하며 이 연구의 가장 중요한 교훈 중 하나를 썼다. 사랑이 제대로 역할을 다하고 사랑이라는 마법이 계속 유지되게 하려면, 사랑 받는 사람이 사랑을 받을 줄 알고 사랑을 소화할 줄 알아야 한다. 어린 시절 사랑을 받지 못해 25세가 될 때까지 공허함을 느꼈더라도, 사랑을 물리치지 않고 받아들이는 법을 배우면 설사 75세가 되었다고 해도 성취감과 만족감을 느낄 수 있다.

할로웰 박사의 개인적 경험은 베일런트가 발견한 것이 진실임을 증명할 수 있다. 그의 아동기 부정적 경험 척도ACE 점수는 8점이다. 4점만 되어도 위험이 높아지는 것을 감안한다면 8점은 분명 그를 커다란 위험으로 몰아갔을 것이다. 그는 자녀들에게 소외당하고 우울증에 걸리고 술에 의존하고 직장을 잃고 외로움을 느끼고 질병에 걸리고 죽음의 문턱을 경험했을 것이다.

하지만 그는 33년 넘게 행복한 결혼 생활을 누리며 세 아이를 소중하게 잘 키워냈다. 이 글을 쓰고 있는 시점에 그의 나이는 일흔 하나이다.

통계적으로 말하면, 할로웰 박사는 매우 특이한 경우이다. 그는 극도의 고통을 극복했다. 박사는 자신이 고통을 극복한 이유를 잘 알고 있다. 그리고 자신을 좋아하는 사람들이 고통을 이겨낸 이유도 잘 알고 있다. 그것은 절대로 꺾이지 않는 힘, 긍정적인 연결 덕분이다. 즉 비타민 연결이다. 우리는 그것을 '또 다른 비타민 C'라고 부른다. 그는 특히 갬미라고 부르던 할머니에게 사랑을 듬뿍 받으며, 마법 같은 연결을 경험했다. 할머니는 손자의 어려움을 잘 알고 있었고, 손자의 요구에 민감하게 반응하며 손자에게 안전한 피난처가 되어 주는 것을 자신의 사명으로 알고 있는 것 같았다. 그들이 함께 보낸 시간들은 소중한 기억으로 남았다. 그는 이렇게 말한다.

할머니는 삶은 달걀 껍질 벗기는 것을 노른자라는 이름의 황금 왕국을 찾아 나서는 정교한 탐색으로 바꿀 수 있었다. 비가 오는 날을 축제로 만들었고, 크로케(잔디 구장 위에서 나무망치로 나무 공을 치며 하는 공놀이_옮긴이) 망치를 여왕의 홀로 바꿀 수 있었다. 친구의 못된 말에 화가 나고 의기소침해진 내게 입버릇처럼 하시던 말씀을 들려주어 순식간에 웃음을 터뜨리게 만드시곤 했다. 할머니는 가장 우울한 날을 가장 즐거운 날로 바꿔 놓을 수 있었다. 나는 할머니 댁에 간다는 말만 들어도 짜릿해졌다.

이해받는다는 느낌

편안하고 긍정적으로 연결된 환경을 만드는 것은, 모든 연령대 사람들이 삶을 값지게 살도록 돕기 위해 가장 중요한 단계이다. 연결이 없다면, 교류가 없다면 ADHD를 가진 사람들에게 특히 상처를 준다.

브루스 알렉산더는《중독의 세계화(The Globalization of Addiction)》에서 이탈감(dislocation)이라는 말을 써서 심리사회적 통합의 상실을 지칭했다. 그는 이탈감은 정신 의학적으로 독성이 있고 방어하기 힘들다고 설명한다. 사람은 여러 가지 이유로 무너질 수 있다. 파괴적인 행동, 극도의 불안감, 금단 증상, 등교 거부, 약물 사용 시작, 우울증, 자살 시도, 섭식 장애 발병, 신체적 고통, 업무 능력 저하, 실직, 결혼 생활의 어려움 등등. 이런 암울한 목록은 계속 이어진다.

알렉산더의 초점은 모니터 의존증을 포함한 모든 종류의 중독에 있는데, 그의 말은 얼마나 많은 ADHD 아동이 교실에서, ADHD 성인이 어른들의 세계에서 자신을 어떻게 느끼고 있는지 정확하게 묘사하고 있다. 그들은 남들에게 오해받고, 소외되고, 무시당한다.

때로는 말 그대로 아웃사이더이다. 대중적으로 사랑받는 '캡틴 언더팬츠' 시리즈와 수많은 어린이 책을 쓰고 그린 작가 대브 필키는, 교장에게 크게 체벌을 받은 후 초등학교 시절의 대부분을 교실 밖 복도에서 혼자 앉아 보냈다. 그저 남들과 다르고, 그들의 마음이 브레이크가 고장 난 경주용 자동차처럼 달리고, 다른 사람들이 그들을 이해하지 못하기 때문에 수백만 명의 ADHD 아동들이 대브처럼 자신을 보호해 줄 연결이 없이 괴로워하는 것은 얼마나 끔찍한 일인가. ADHD

를 앓고 있는 우리들은 대부분 상당히 민감하기 때문에 방어막을 세운다. 그리고 당신이 미처 깨닫기도 전에 우리는 외톨이가 되고, 놀림을 당하고, 따돌림을 당한다. 어른이라면 회사에서 승진을 하지 못하고, 사람들은 저 사람은 도대체 왜 그럴까 하며 수군거릴 뿐이다.

이러한 환경에서 살아가는 것은 눈에 보이지 않는 소수자가 되는 것과 같다. 당신이 다른 사람들 눈에 보이기 시작했건, 심지어 진단을 받고 치료를 받더라도 당신은 여전히 편견과 마주한다. "아, 특수교육 받는 애구나.", "뭐가 좀 모자라는 아이래.", "콘서타를 먹는대." 온통 낙인뿐이다.

우리에게 필요한 것은, 특히 아동에게 필요한 것은 체벌이나 조롱이 아니다. 우리에게 필요한 것은 무료로 쉽게 공급할 수 있다. 바로 비타민 연결이다. 그것이 없으면 우리는 점점 더 분리되고, 외롭고, 떨어져 있다고 느낀다. '심리사회적 통합'은 거창한 용어일 수 있으나, 이는 누구나 이해할 수 있는 따뜻하고 훌륭한 힘을 뜻한다. 모든 조직의 모든 어린이와 모든 성인은 반드시 매일 많은 용량의 비타민 연결을 섭취해야 한다. 그것은 모든 가족, 학교, 조직의 생명줄이어야 한다.

피터-편의상 이렇게 부르겠다.-는 우리가 상담실에서 볼 수 있는 전형적인 환자이며 그의 이야기는 연결이 얼마나 중요한지 잘 보여준다. 그는 10학년(한국의 중3에 해당)인 16살 때 부모님과 함께 할로웰 박사의 진료실에 왔다. 피터의 부모님과 선생님의 설명에 따르면, 그가 매우 똑똑하고 재능이 있지만 과제를 끝까지 마치지 못하고, 성적은 기대에 못 미친다고 했다. 그는 종종 교사가 호의를 보인다고 생각했지만, 학교에서 시키는 대로 하려고 하다가 기진맥진하곤 했다. 피터는 자신이 '어리석다'고 믿고 있었으며, 학교를 가기 싫어했고, 등교할 동기를 찾지 못하고 있었다. 유사 ADHD 증상을 갖고 있는 소아과 의사인 아버지와 현명한 신경과학자인 어머니가 없었다면 피터는 시설에 입소하여 치료를 받아야 할 수도 있었다. 피터의 부모는 아들을 믿고 피터가 길을 찾을 수 있도록 그와 관계를 유지했다.

피터는 할로웰 박사와 만나 자기가 관심이 있는 것에 대해 이야기하면서, 자신이 나무로 무언가를 만들 때 가장 행복하다는 것을 알게 되었다. 가족들은 계획을 세웠다. 피터는 집에서 가까운 실업계 기술학교로 옮겨 11학년(한국의 고1에 해당)을 다니고, 피터의 아버지는 집 지하실에 목공 작업실을 만들어 피터가 충분히 자기 재능을 펼 수 있게 했다. 물론 이와 함께 다른 전략도 세웠다-피터는 소뇌 자극 치료를 시도했고(3장 참조), 그와 할로웰 박사는 뇌의 기본상태회로^{DMN}(2장 참조)의 본성과 그것이 어떻게 피터의 우울함과 생각 곱씹기를 만들어 냈는지 토론했다. 마지막으로 할로웰 박사는 아만타딘 성분의(8장 참조) 약을 오프라벨(의약품이 규제당국으로부터 허가를 받았으나, 적응증, 용량, 투여 경로 중 하나라도 허가 사항에 기재되어 있지 않은 용도로 사용되는 경우_감수자)로 처방했다.

박사는 피터가 복용한 다른 약이 듣지 않을 때 이 약물이 피터를 도울 수 있다고 믿었다. 할로웰 박사는 피터의 앞길이 분명 순탄치는 않겠다고 생각했다. 하지만 피터의 부모가 피터를 믿고 있고, 또 할로웰 박사와 피터가 따뜻한 관계를 맺고 있었다. 피터는 어머니에게 지금은 적어도 그가 이해받는다고 느끼고, 생전 처음으로 상당히 오랜 기간 희망이 있음을 느낀다고 알렸다. (물론 피터의 어머니가 나중에 할로웰 박사에게 알렸다.)

할로웰 박사가 초등학교 1학년일 때, 훌륭한 선생님 한 분이 그를 이해해 주었다. 그것은 분명 이탈감에 대한 강력한 해독제였다.

1학년 때 나는 글을 읽을 줄 몰랐다. 읽기 수업을 하는 동안 학생들은 돌아가며 책을 소리 내어 읽었다. "나비야, 나비야~." 아주 단순한 글인데도 나는 읽지 못했다. 나는 난독증이었다. 그 시절에는 현명한 선생님이 계시지 않았다면, 느림보라고 불렸을 것이고 그건 바보라는 뜻이었다. 그래서 아이들은 내가 읽을 차례가 됐을 때 나를 건너뛰었을 것이다. 하지만 엘드리지 선생님은 현명했다. 선생님은 나를 건너뛰지 않았다. 내가 읽을 차례가 되자, 선생님은 나에게 다가와 내 옆에 앉아서 내 팔에 팔짱을 딱 끼고 나를 자기 쪽으로 바짝 끌어당겼다. "나아, 야, 비, 나, 비야." 떠듬거리며 읽어도 내 옆에는 무시무시한 마피아가 앉아 있었다. 아이들은 나를 비웃지 않았다. 엘드리지 선생님의 팔짱은 나의 치료제였다. 선생님은 나에게 심리사회적 통합을 주었다. 매일매일 말이다.

멋졌다. 선생님이 한 일은 그게 다였다. 선생님은 나의 난독증을 치료할 수 없었고, 학교에는 오튼-길링험 전담 교사*가 없었지만, 선생님이 마땅히 해야 할 것은 그것뿐이었다. 진정한 연결의 힘을 보여준 그 팔짱으로 선생님은, 난 아무 것도 할 수 없는 아이

---

* 오튼 길링험 접근법(Orton–Gillingham Approach): 읽기, 쓰기, 철자법을 가르치기 위한 다감각적 접근 방식.

라고 믿으며 학습 장애로 공포와 수치를 느끼던 나를 치료해 주셨다. 오늘날까지 나는 애처로울 정도로 느리게 읽는 사람이다-아내는 내가 뭐라도 아는 게 있다는 것이 신기하다고 투덜거리긴 한다. 그러나 나는 하버드에서 영문학을 전공해서 우등으로 졸업했고, 책 쓰는 일을 생활의 일부로 삼고 있다. 이 모든 일은 엘드리지 선생님과 그분의 애정 어린 팔짱이 없었더라면 일어나지 않았을 것이다.

우리는 당신이 아무리 가라앉지 않을 거라고 생각해도, 당신에게 충분한 연결이 없다면 가라앉는다는 것을 잘 알고 있다. 너무나 많은 사람들이 연결하기에는 너무 바쁘다고, 혹은 연결의 힘을 과소평가하면서 연결의 힘을 충분히 활용하지 못하고 있다. 그러나 일부 사람들이 연결을 꺼리는 더 깊은 이유는 연결을 두려워하기 때문이다. 이전에 사람들과 연결되었으나, 거기에서 어떤 식으로든 상처를 받아 다시는 상처받고 싶지 않기 때문이다.

우리는 그들에게 그리고 당신에게도 말하려 한다. 용기를 내라고 말이다. 마음이 치유가 된다. 배를 생각하면 침몰한다는 생각이 떠오를 수 있다. 그러나 우리가 배에 다시 한 번 올라탈 용기를 내는 한, 배가 가라앉는 그 모든 순간에 연결이라는 거대한 힘이 우리를 떠받칠 것이다. 우리가 뛰어오를 준비가 되었다는 것을 알게 되면 그 배는 물 위로 떠올라 우리를 다시 환영할 것이다.

우리 모두 연결의 힘을 더 자주 이용해야 한다. 다종다양한 과학이 그렇게 하도록 우리를 돕고 있다. 지극히 마땅하고 옳은 일이다. 이 아이들 대부분이 그렇듯, 당신이 하루 종일 비난을 받았다면 어떤 생각이 들까? 두려움과 부끄러움, 그것은 주요한 학습 장애이다. 우리 인간은 (연결이 없어서) 죽을 지경이 되기까지 연결을 무시한다. 우리는 엄청난 비타민 연결 결핍증에 시달리고 있다.

풍요롭게 연결되는 생활을 위한 팁

당신의 자녀를 위해, 당신 자신을 위해, 당신의 가족을 위해, 당신의 조직을 위해, 당신의 커뮤니티를 위해, 이 나라를 위해, 그리고 가능하면 이 세상을 위해, 연결 고리가 있는 삶, 사람들과 풍부한 관계를 맺는 삶을 창조하라. 그것은 인생 거의 모든 고비에서 굉장히 좋은 일을 만드는 열쇠이다. 그리고 대부분의 경우 공짜다.

그건 불행한 어린 시절 때문에 당신이 인생을 망치지 않게 하는 방법이다. 더 나아가, 긍정적인 연결 고리를 만드는 것이 불행한 어린 시절을 만들지 않게 하는 최선의 방법이다.

상냥함은 아이를 성장시키고, 어른도 성장하게 한다. 깊고 다양하게 다른 사람들과 이어지고 연결된 삶은 당신 자신과 당신 가족에게 줄 수 있는 가장 풍요로운 선물이다. 연결은 다양한 형식으로 이루어질 수 있다. 당신과 당신의 자녀들 삶에서 놀라운 연결의 힘을 사용하기 위해 굉장히 많은 아이디어가 있다. 물론 몇몇 아이디어는 좀 뻔하고 어떤 아이디어는 엉뚱하게 보이겠지만 말이다. 다음의 목록을 보고, 여러분 자신의 엉뚱한 방법을 추가해 보시길 권한다.

• 가족과 함께 식사하는 것은 매우 중요하다. 가족과 저녁을 먹으면 대학 수능 시험(SAT) 점수도 향상되었다고 증명되었고, 심지어 지인들과 함께 식사하는 것 같은 효과가 있다. 다른 지역에서 혹은 외국에서 온 사람들에게 아이들을 소개하고, 사람들이 함께 모여 인사를 나누고 밥을 먹는 것은 훌륭한 일이다. 이런 행사를 하면 할수록 식사는 단순한 끼니 때우기를 넘어선 멋진 이벤트가 될 것이다.

• 당신이나 당신 가족 중 누군가가 알레르기가 있거나, 당신의 생활 환경에서 절대로 불가능한 일이 아니라면, 반려동물을 기르라! 우리는 시도 때도 없는 친근함과 아무 조건 없이 베푸는 사랑 때문에 사람의 가장 친한 친구인 개를 많이 키운다. 그러나 고양이, 기니피그, 앵무새, 햄스터, 페럿, 거북, 물고기, 심지어 뱀조차도 우리가 사랑할 대상이 되어 주고 우리에게 사랑을 되돌려 준다. 반려동물은 우리에게 '또 다른 비타민 C'를 준다.

• 당신 마음에 드는 카페에 매일 들러 사람들과 가볍게 인사를 나누라. 모르는 사람에게도 가볍게 인사하거나 고개를 끄덕이는 습관을 길러 보라. 스치듯 가벼운 인사는 순간적으로 비타민 연결을 투여하며, 습관적인 익명성에서 벗어날 수 있게 해 준다.

• 마음에 드는 주유소에서도 같은 행동을 하라. 물론 가장 먼저 좋아하는 주유소를 정해 자주 가야 한다. 여긴 어디, 나는 누구, 내가 꼭 이래야 하나 생각하면서 느낄 뻘쭘한 기분이나 기름 값을 걱정하지

말고, 차에 기름을 가득 채우면 얼마나 즐거울지 상상해 보라. 당신이 실제로 주유소 사람들을 알게 되고, 그들과 이야기하고, 주유 시간을 의미 있는 순간으로 바꾸었다면? 당신은 승리한 것이다!

• 적어도 좋은 친구 두 명을 정기적으로 만나라. 이건 매일 헬스클럽에 가는 것보다 낫다! 이렇게 하려면 매주 점심 약속을 하거나 매주 전화로 수다 떨 시간을 약속하면 된다. 얼마 안 있어 당신은 애정과 친밀감이 넘치는 이 정기적인 만남을 기대하게 될 것이다.

• 당신의 자녀에게 하룻밤 묵고 가기를 청하라. 혹은 당신의 손주를 청해도 된다. 특별한 주제 없이(놀 거리에 대해서라면 오케이), 가족이 아니라도 젊은 사람과 수다를 떨며 시간을 보내면 생기가 돌고, 사람과 연결되어 있다는 것을 느낄 것이다.

• 최소한 일주일에 한 번은 30분 이상 일 대 일로 당신의 자녀와 시간을 보내라. 특별한 주제가 없이, 당신의 자녀가 원하는 무엇이라도 하면서 지내면 된다. 물론, 위험하지 않아야 하고, 불법이 아니어야 하고, 돈이 너무 많이 들면 안 된다. 소아정신과 의사인 피터 메스는 이것을 '특별한 시간'이라고 부르는데, 부모-자녀 관계를 훨씬 좋게 만들 뿐 아니라 아동이 귀속감을 느끼고 사랑받는다고 느끼도록 마법처럼 작용한다고 설명한다.

• 독서 클럽, 여러 회 진행되는 강의, 뜨개질 동아리 등 사람과 만

나게 되는 여러 종류의 모임에 참여하라. 물론, 가입한 후 꼭 모임에 나가야 한다! 맥아더 재단의 노화에 관한 연구에서 이런 모임이 장수를 가능하게 하는 가장 중요한 두 가지 요인 중 하나라는 것이 밝혀졌다. (다른 하나는 친구와 만나는 빈도이다.)

• 억눌린 분노와 억울함을 없애라. 즉, 다른 사람이나 자기 자신을 용서하는 연습을 하라. 당신이 차에 기름을 넣는 것만큼이나 자주 이것을 행하라. 이를 행하는 방법은 하나가 아니다. 당신에게 맞는 방법을 찾아야 한다. 일례로 당신은 자신에게, "그 놈은 개자식이야. 하지만 난 나의 귀중한 인생의 1초도 그 자식한테 화내는 일 따위로 낭비하지 않겠어."라고 말할 수 있다. 용서는 당신이 그 나쁜 행위를 용인하는 것이 아니라, 분노가 당신을 덮치지 못하게 하는 것이다.

• 매일 매일 감사할 것의 목록을 만들라. 귀찮게 들리지만, 이걸 하면 정말 기분이 확 좋아진다. 당신이 감사할 것에 대해 종이에 쓰건, 또는 시간을 들여 생각만 하건 상관없이 당신은 기분이 훨씬 나아지고 낙관적 생각을 하게 됨을 느낄 것이다.

• 칭찬을 하라. 누군가 당신의 좋은 점을 알아보고 말해 주면 기쁘지 않은가? 그 상냥함과 기쁨을 남들에게도 베풀라. 그러면 당신도 똑같이 기분이 좋아질 것이다!

• 개인이든 그룹이든 정신 수행을 시도하라. 조직화된 종교일 필

요는 없다. 인생과 세계에 대한 본질적 의문, 아이디어, 불확실성, 가능성, 희망을 즐겁게 생각하고 여러 사람과 나누기 위해 필요할 뿐이다. 적절한 그룹을 찾기까지 힘들겠지만, 그런 연결 고리를 찾으면 인생에서 다양한 경험을 하며 인식을 넓히고 마음이 푸근해질 것이다.

• 혼자 또는 친구와 함께 (가능하다면 입양하고 싶은 강아지와 함께) 자연에서 산책하라.

• 혼자서 걱정할 필요는 없다. 이게 포인트이다. 물론 함께 걱정할 사람은 신중하게 골라야 한다. 그러나 당신이 적절한 사람과 걱정을 할 때, 걱정은 곧 문제를 해결하는 기회가 되고, 때로는 함께 웃는 기회가 되기도 한다. 당신은 걱정에서 해방될 것이다.

• 뉴스가 당신을 흥분시키거나 화나게 한다면, 뉴스를 최소한으로 접하라. 그러나 뉴스를 보면서 세계와 유대가 깊어졌다면 포기할 일은 아니다.

• 묘지에 가보라. 당신이 사랑하는 누군가가 그곳에 매장되어 있건 말건 상관없다. 묘지를 산책하다 보면 경건하고 조용한 기분이 되어 묘하게 생기를 되찾게 되기도 한다.

• 당신이 지금 어떤 문제와 씨름하고 있건, 더 나은 사람이 되기 위해 열심히 한 것에 대해 경의를 표하라. 다시 말하면 나아지고자 하

는 욕구와 연결하고, 자신이 개선을 시도했다는 것을 믿으라.

• 당신의 미래를 (일상을 넘어선) 위대한 어떤 것과 연결 짓고, 매일 의식적으로 상기하여 가이드이자 원천으로 삼으라. 이렇게 하는 방법 중의 하나는 당신이 존경하는 살아 있는 사람을 찾고, 그러한 존경스러움이 당신을 고양시키도록 하는 것이다.

• 당신의 조상에 대해 알아보라. 족보를 보거나 나이 든 어른들에게 질문하면 된다. 이런 질문을 하면서 보너스로 당신과 그 어른들이 연결될 수 있을 것이다.

• 마찬가지로, 당신과 별로 관계없는 노인들에게 그들이 어떻게 살았는지 이야기를 들으라. 이것은 마치 훌륭한 소설을 읽는 것과 같다.

• 가능하다면 지역 소방서에 가서 소방관에게 그 일이 어떤 것인지 들으라. 소방관은 말하는 것을 매우 좋아하기 때문에, 훌륭한 연결자가 될 수 있다.

• 큰 나무에 올라 가지에 최소 10분간 앉아 있어 보라. 좀처럼 볼 수 없던 세상을 보게 되고, 열 살 넘어서는 잊어버렸던 경험을 하게 될 것이다. 나무가 없거나 나무를 탈 줄 모르는가? 마을 광장 한가운데나 사람들이 오가는 길가에 있는 벤치에 앉아 보라. 하릴없이 눈앞의 풍경을 보다 보면, 누가 지나가고 어떤 일이 벌어지는지 알게 되면

서 신기할 것이다. 이것은 당신이 어떤 사람 하나에 연결되는 것이 아니라, 지나가는 인류에게 연결되는 것이다.

• 당신의 꿈을 응원하는 사람을 찾아라. 당신의 꿈에 대해 비아냥거리는 사람은 피하라. 당신의 꿈에 대해 빈정거리는 사람은 재미로 그러겠지만, 당신의 희망을 빼앗을 수 있다. 오스카 와일드가 말했듯이 빈정거리는 사람은 "가격은 알아도 가치는 모르는" 사람이다.

• 당신이 할 수 없는 일을 당신의 자녀(또는 당신)에게 제공할 수 있는 사람에게 관심을 두라.

• 카리스마가 있는 멘토를 찾으라. 많은 연구들이 카리스마가 있는 멘토(카리스마는 성적, 공부 습관, 학벌, IQ를 뜻하는 것이 아니다.)가 ADHD와 임기응변적 주의력특성[VAST] 아이들을 크게 변화시킨다고 보고하고 있다. 아이를 이해하거나 적절한 자극을 줄 수 있다면 교사, 코치, 가족의 친구, 또는 그 어떤 누구라도 상관없다.

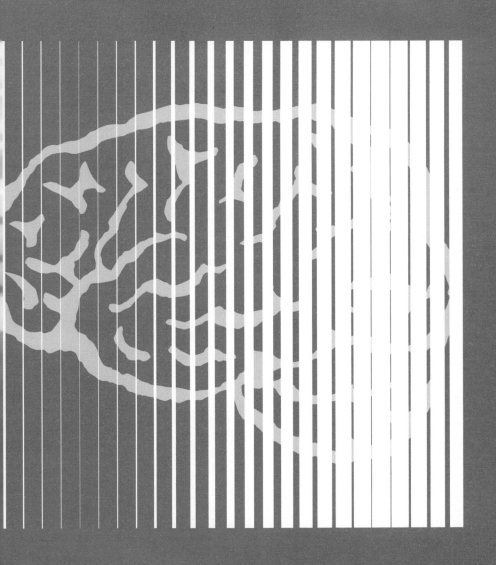

5장
도전 과제를 정확하게 찾기

ADHD 또는 임기응변적 주의력특성^{VAST}을 가진 대부분의 사람은 기본적으로 창조적이고 독창적인 사람들이다. 이들은 사업이건, 보트건, 책이건, 난간이건 간에 무엇이든 만들고 개발하고 창조하려는 욕구를 끊임없이 느끼고, 남들과는 다른 방식으로 사고한다. 뭔가를 만들어내지 못하면 온몸이 근질근질해지는 사람들이다.

우리 같은 사람들은 자신을 근질근질하게 만드는 일이 생기지 않으면, 무기력해지거나 우울해지고 의욕도 잘 느끼지 못하곤 한다. 우리가 가진 창조력을 제대로 발휘할 수 없는 일에 에너지를 쏟는 일에도 흥미를 느끼지 못한다. 슈퍼맨의 최대 약점이 크립토나이트라면, 우리의 최대 약점은 지루함이라는 것을 기억하라. 우리는 창의력이 필요 없는 그저 단순 기술만을 요구하는 일은 잘 해내지 못한다. 어쩌면 다른 사람들보다 훨씬 더 끔찍하게 못할 지도 모른다. 하지만 우리가 가진 창조력을 쏟아부을 일을 제대로 찾아내기만 한다면……, 그렇다! 짠하고 불이 들어온다. 마치 크리스마스트리에 불이 켜지는 것처럼 말이다.

당신 혹은 당신의 자녀가 창조력을 온통 다 쏟아부을 만한 것은 무엇일까? 악기, 무대, 아니면 도구? 당신이 도전할 과제는 정확히 무엇일까?

초능력을 불러내기

서로 상반되는 특성을 동시에 갖고 있는 ADHD와 임기응변적 주의력특성^{VAST}은 행동 과학에서 독특한 위치를 차지하고 있다. 상반된 특성의 혼재를 이해하지 못했기 때문에 ADHD와 임기응변적 주의력특성^{VAST}의 강점은 오랫동안 무시되었다. 의사들은 병리적 측면을 찾고 문제 행동에 집중하는 경향이 있다. 즉 의사들은 강점을 무시하곤 한다.

물론 ADHD와 임기응변적 주의력특성^{VAST}을 앓고 있는 대부분의 사람들은 상당수의 일에 서툴거나 부적절한 것이 사실이지만(코를 항상 문지른다든지 등등), 한 가지 혹은 두 가지 일에 아주 뛰어나거나, 뛰어날 수 있다. 그를 위해, 우리는 진료받는 사람들에 대해 강점 기반의 접근법을 취한다. 우리가 말하고 싶은 것처럼, 우리는 장애를 치료하지 않는다. 우리는 사람들이 그들의 재능을 발휘하도록 도울 것이다. 더 나아가자면, 우리는 사람들이 자신의 초능력을 깨닫도록 돕는다!

어떤 사람들은 운 좋게 이런 결과를 얻는다. 즉 우연한 일이 다른 일로 이어져, 초능력을 드러내는 경우가 있다. 앨런의 예를 보자. 고등학생이었던 앨런은 데이트 자금을 벌기 위해 여름 일자리를 구하고 있었다. 그는 입사 지원서의 빈칸을 찬찬히 채우기 귀찮았지만-확실히 ADHD를 가지고 있는 우리에게 서류 작성은 공포스럽다.- 운이 좋게도 하늘에서 기회가 뚝 떨어졌다. 그 지역 카펫 청소 업체의 전화번호가 앨런네 집 전화번호와 숫자 하나가 달랐기 때문에, 앨런은 집에서 카펫 청소 문의를 하는 전화를 많이 받았다. 보통 사람들처럼 잘못 온 전화에 짜증을 내는 대신, 앨런은 신이 났다. 당시 겨우 만 14세였던 그는 사업 기회를 보았다. 잘못된 전화가 걸려왔을 때 앨런은 가장 매력적이고 열정적인 목소리로 대답했다. "찾으시는 그 업체는 아닌데요, 저는 그 청소업체보다 일을 잘 합니다. 게다가 요금은 더 싸습니다!" 그는 다른 누구도 보지 못한 기회를 보았고, 그걸 낚아채는 천부적 재능을 갖고 있었다. 순간적으로 일어난 일이었다. 앨런은 어느새 사업을 시작하였다.

아직 운전할 나이가 못 되었던 앨런은, 운전을 할 수 있고 차를 갖고 있는 자기보다 나이 많은 친구에게 연락했다. 두 사람은 카펫 청소기를 렌트하고, 전화를 잘못 걸었다가 앨런의 제안을 받아들인 고객의 집으로 찾아갔다. 곧 그와 그의 파트너는 비용을 제한 뒤에도 1975년 당시에 매주 400~700달러를 벌어 들였다.

앨런은 다른 사람들이 보지 못한 기회를 계속 발견했다. 어느 날 그는 그 지역 교수의 사무실에서 카펫을 청소하다가 한쪽 구석에 처박힌 기계를 발견했다. ADHD 또는 임기응변적 주의력특성[VAST]을 가진 사람들이 그렇듯, 호기심이 많았던 앨런은 그 기계가 무슨 기계냐고 물었다. 알고 보니 낡은 필름 편집기였다. 카펫 청소를 하던 다른 날, 앨런은 그 기계를 청소하는 것을 보고, 지켜봐도 되겠냐고 물었다. 그리고 기계를 분해하고, 렌즈를 청소하고, 다시 조립하는 것이 아주 쉽다는 것을 알았다. 그는 필름 편집기 청소에도 뛰어들기로 했다! 이러한 관심(그리고 기술도 빼놓을 수 없다. 앨런은 경쟁업체보다 150달러나 싸게 일을 할 수 있었다!)으로 앨런은 그 지역 영화제작사에서 일을 맡았고, 그 다음에는 보스턴 셀틱스(미국 프로농구팀_옮긴이)의 래리 버드, 셰프인 줄리아 차일드 등 보스턴의 저명인사들의 일을 맡게 되었다.

당시 매사추세츠 주지사가 구입하려던 집에서 석면을 제거해야 했던 부동산 중개인은 앨런에게 그런 일도 맡을 수 있는지 물었다. 앨런이 종류를 가리지 않고 청소에 대해 아는 것이 많은 것 같았기 때문이다. 앨런은 모른다고 말하는 대신에(아마 그게 진실이겠지만) 석면 제거에 대한 3일 코스의 수업을 들었다. 그는 11학년부터 12학년(한국의 고2, 고3에 해당)을 다니는 동안 여름에 석면 제거 회사에서 일을 했고, 주지사가 구입하려던 집에서 석면을 제거했다.

앨런은 이 모든 이상한 일들을 열심히 했고, 앨런을 아는 사람들은 할 수 있다는, 기어코 해내고야 마는 그의 마인드를 좋아했다. 그는 곧 자신의 이력서에 더 많은 기술을 추가했다. 어느 날 그는 애견 미용 사업을 하는 가족을 만나 그들과 일하게 되었다. 애견 미용을 하면서 그는 교외에 사는 부유한 사람들을 많이 알게 되었다. 그중에는 오 페어(외국인 가정에서 일정한 시간 동안 아이들을 돌보아 주는 대가로 숙식과 일 정량의 급여를 받는 것. 일종의 워킹홀리데이_옮긴이) 회사를 운영하는 사람도 있었다. 그 회사의 사장은 그해 여름, 오 페어 지원자의 투어 가이드로 앨런을 고용했다.

앨런은 현재 50대의 나이에 석면 제거 부문에서 성공한 사업가이다. 하지만 그는 여전히 창조적이고 민첩하다. 그는 최근 먼지가 일지 않는 쓰레기 수집 시스템에 대한 첫 특허를 취득했다! 앨런의 초능력은 그가 문제 해결사라는 것이다. 어떤 문제에 대해 지적으로 도전하고, 흥미로운 사람들을 만나고, 사물이 어떻게 작용하는지를 배우는 한, 사소한 우연을 성공의 기회로 만드는 데 앨런을 당할 사람이 없다.

누군가는 거듭되는 기업가 정신의 발휘를 통해 그들의 초능력을 발견하기도 하지만, 어떤 사람들은 특정 관심사를 '벼락'처럼 맞아 자신의 능력을 깨닫게 되기도 한다. 예를 들면 우리는 ADHD로 진단받지 않았더라도, 임기응변적 주의력특성^{VAST}을 갖고 있다고 생각되는 아이비리그 대학의 교수를 알고 있다. 그가 말하길, 그는 대학에 다닐 때 아무 것에도 관심이 없어 중퇴하고 스키꾼(온종일 스키를 타면서 스키장 부근에서 직업을 구하는 사람_옮긴이)으로 살려고 진지하게 생각하고 있었다.

짐을 싸서 다니던 학교를 떠나려고 했을 때, 그가 알고 지내던 여학생이 함께 물리학 강의를 들으러 가자고 했다. 그는 물리학에는 전혀 흥미가 없었다. (특히 스키에 비해 과학은 너무너무 지루했다.) 그러나 그 여학생을 좋아했던 그는 대학을 완전히 그만두기 전에 마지막으로 강의를 듣기로 했다.

물리학 강의를 듣기 시작한 지 1분도 안돼서, 그는 데이트고 뭐고 모든 것을 잊고 눈앞의 주제에 빠져들었다. 바로 그 강의에서 이전에는 아무것도 몰랐던 주제에 대해서, 엄청난 흥미, 호기심, 그리고 타고난 빛(초능력)이 격류처럼 흐르는 것을 느꼈다. 그 후 그는 이 분야의 유명 인사 중 한 명이 되었다.

이렇게 벼락을 맞는 일은 일어난다. 그닥 드문 일도 아니다. ADHD 또는 임기응변적 주의력특성^{VAST}의 특성을 가진 우리들은 급속하게 사랑에 빠지는 경향이 있다-사람, 주제, 프로젝트, 거래, 계획 등등에 대해. 불꽃이 튀고 어느새 우리가 얼마나 길을 잃고 쓸쓸했는지 잊어버린다. 우리의 관심을 끈 그것이 무엇이건 간에 그것에 몰두하고 있기 때문이다.

그러나 당신의 초능력을 확인하기 위해서는 여러 사람의 노력이 필요하며, 아마도 시행착오를 겪을 것이다.

당신의 강점을 평가하라

ADHD와 임기응변적 주의력특성^{VAST}을 가진 사람들은 도전이 필요하다. 이미 말했듯 지루함은 우리의 크립토나이트이다. 그렇지만 아무 것에나 도전한다고 해서-구덩이를 팠다가 메우는 삽질도 일종의 도전이지 않은가.- 해결책이라고 할 수는 없다. 중요한 것은 도전할 거리를 정확하게 찾는 것이다. 우리는 그것을 적절한 도전 과제 정확하게 찾기라고 부르고 있다. 당신에게 적절한 도전 과제를 정확하게 콕 집어내기 위한 방법 중 하나는 당신의 강점, 즉 자신이 실제로 잘하는 것이 무엇인지 목록을 작성하는 것이다.

시작하는 방법은 아주 간단하다. 아이와 함께 앉으면 된다. 당신이 성인이라면, 당신의 배우자 또는 다른 성인과 함께 앉는 것이다. (반드시 다른 사람과 같이 행해야, 창조적이고 자발적이며 재미있고 완전한 대답을 얻을 수 있기 때문이다.) 그리고 다음 질문에 대답하라. 이것은 기록을 해두어야 할 중요한 사항이니, 질문을 하는 당신 앞의 사람에게 당신의 대답을 적어 달라고 한다.

1. 당신이 가장 잘하는 것 서너 가지는 무엇인가요?
2. 당신이 가장 좋아하는 것 서너 가지는 무엇인가요?
3. 당신이 인생에서 가장 뚜렷하게 성취한 성과나 활동 서너 가지는 무엇인가요?
4. 당신의 가장 중요한 목표 서너 가지는 무엇인가요?
5. 당신이 가장 잘하고 싶은 것 서너 가지는 무엇인가요?

6. 다른 사람들이 이것 때문에 당신을 칭찬하지만, 당신은 칭찬 받을 것이 아닌 당연한 일이라고 생각하는 것은 무엇인가요?

7. 당신에게는 쉬운 일이지만 다른 사람에게는 어려운 일이 무엇인가요?

8. 당신이 정말로 잘 못하는 일을 하는데 시간을 얼마나 쓰고 있나요?

9. 당신이 시간을 지금보다 더 생산적으로 쓰도록 당신의 선생님이나 상사가 무엇을 해 줄 수 있을까요?

10. 곤란해질까 봐 걱정하지 않는다면, 선생님이나 상사가 당신의 어떤 점을 이해하지 못한다고 말하겠습니까?

이 10가지 질문에 대한 답은 많은 것을 알려준다. 이 정보는 매우 중요하다. 이 정보가 있다면, 아이의 선생님이나 당신의 상사와 생산적으로 대화를 하면서, 좋은 학습 환경이나 직장 환경을 만들 수 있다.

당신이 ADHD 또는 임기응변적 주의력특성^{VAST}의 특징을 가진 자녀의 부모라면, 강점에 기반을 둔 이 간략한 강점 기반 평가서를 학교에 갖고 가라. 대부분의 경우, 이 아이들에 대한 학교생활 기록부에는 부정적인 코멘트나 아이가 실수했던 일로 가득 차 있다. 학교생활 기록부에 긍정적인 기록을 남기는 것은 좋은 일이다. 또한 교사는 아이가 무엇에 관심을 두는지-공룡부터 혹성, 스포츠, 말, 비디오게임까지- 아는 것도 필수적이다. 그래야 교사는 아이가 관심을 둘 수 있는 보조 프로젝트를 생각해 낼 수 있다. 이것은 굉장히 중요한 문제이다. 주의력 문제를 안고 있는 아이들이 학교에서 공부를 잘 하지 못하는 것은 지루해 하기 때문이다. 그래서 교사는 이 아이는 수업에 관심을 두지 않는다고 믿게 된다. 교사가 아이의 관심사를 학습 과정에 반영할 수 있다면(또는 단순히 아이들이 쉬는 시간에 관심사를 하도록 허락한다면), 아이는 학교 수업에 이전과는 전혀 다르게 흥미를 가질 수 있다. 그러면 긍정적인 피드백 순환이 이루어진다. 즉, 아이가 수업에 흥미를 보이고 집중하게 되면, 교사는 최악의 상황을 예상하거나 긴장하거나 산만한 행동에 대해 못마땅하게 바라보는 대신 여유를 갖고 사태를 바라볼 수 있게 될 것이다. 이 간략한 강점 기반의 평가로 생성되는 프로파일은 아이의 학교생활 기록부의 일부가 되고 훗날 다른 교사, 전문가, 관리자가 아이가 흥미를 갖는 것-혹은 흥미 없어 하는 것-에 대해 질문할 때 참조할 수 있다.

성인이라면, 이 강점 기반 평가서는 새로운 직업을 찾거나 현재의 직업을 재평가하는 출발점이 된다. 원칙적으로, 일을 하는 대부분의 시간은 3가지 범주가 교차하도록 해야 한다. 당신이 정말 하고 싶은 일, 당신이 정말 잘하는 일, 그리고 누군가가 당신에게 돈을 지불하는 일 말이다. 이 강점 기반 평가서로 생각을 정리해, 당신이 가능한 많은 시간을 보내야 하는 그 교차점, 특별한 영역을 찾을 수 있다. 그 영역이야말로 당신이 최선의 성과를 낼 수 있는 일이자, 그 일을 하면서 가장 행복해질 수 있기 때문이다.

완전히 새로운 방법으로 당신의 장점을 알아내기

자신의 강점을 인식했다면, 다음 테스트를 할 준비가 된 것이다. 이 테스트는 여태껏 들어보지 못했을 가장 강력한 테스트 중 하나인 콜비 지수(Kolbe Index)이다.

당신이 갖고 있음을 알았어도 명확하게 이름을 붙여보지 못한 자신의 강점을 알고 싶다면 이 테스트를 해 보라. 또 다른 사람들은 쉽게 해 내지만 당신만은 할 수 없었던 일이 있었다면 그 이유가 무엇인지 이 테스트를 통해 알아보라. 당신의 최고의 성과를 내는 순간이 언제인지, 시간을 어떻게 써야 하는지, 어떤 일을 해야 하는지 알고 싶다면 이 테스트를 해 보라.

콜비 테스트는 캐시 콜비라는 명석하고 과감한 선구자가 개발했다. 캐시는 인지 능력 테스트를 개발한 부모 밑에서 자랐다. 캐시의 아버지는 원더릭 인사(人事) 평가 테스트(미국 프로미식축구연맹의 모든 신규 선수들에게 행해진 것으로 유명하다._옮긴이)를 개발했다. 캐시는 노스웨스턴 대학을 졸업한 뒤, 똑똑한 사람들이 왜 더 생산적이지도 창조적이지도 않은 지 이해하고자 했다. 그녀는 IQ 테스트나 여러 가지 성격 평가로 한 사람이 '어떻게' 노력하는지 정의할 수 없다는 것을 발견했다. 그래서 캐시는 한 사람 한 사람이 노력을 경주하거나 행동을 할 때 취하는 방법은 사람마다 다르게 타고났다고 생각하고, 그 독특한 방법을 규명할 툴을 개발하기 시작했다. 이것은 각 개인이 의욕적으로 움직이는 스타일을 밝혀줄 것이라고 추론했다. 의욕이라는 영어 단어 conation은 노력을 뜻하는 라틴어 conatus에서 유래한 것으로,

사전적 정의는 행동을 실행하려는 목적, 욕구 또는 의지의 정신적 능력, 즉 '자유 의지'이다.

행동으로 이어지는 강점 말고 가장 중요한 강점은 과연 무엇인지 조사하고 평가하고 싶었던 것이다. 당신이 의욕적으로 움직이는 스타일이 당신이 인생에서 실제로 무엇을 하는가를 결정한다. 이는 IQ보다도 훨씬 중요하며, 실질적으로 IQ와 무관하다. 콜비는 이를 작동 방식이라고 부른다. 그리고 우리의 목적을 위해, 그것은 ADHD를 가진 사람이 자기 자신에 대해 가장 먼저 알아야 할 것이라고 한다. 그래서 우리는 이 테스트를 해 볼 것을 매우 강력히 추천한다.

수년에 걸쳐 콜비는 수천 명의 피험자를 대상으로 이 테스트를 실행하고 개선하였다. 현재는 40년 이상의 기간에 160만 명의 사례를 수집한 연구로 검증된 상태이다.

캐시는 이렇게 설명한다.

우리의 마음에는 우리가 잘 듣지 못하는 부분이 있다. 우리가 어떤 결정을 내릴 때 '본능', 혹은 '직감'이라고 부르는 그것이다. 우리는 타고난 자연적 강점-본능-이 무엇인지 알고, 그것을 자기 자신에게 스트레스 없이 가장 생산적으로 쓰는 방법을 알고 있다. 이것이 우리의 비밀이다.

당신의 내면에는 생활하면서 겪는 스트레스를 제거하고, 당신의 인간관계를 도우며, 당신이 직장에서 다른 사람들과 상호작용하는 방법을 바꿀 수 있는 무언가가 내재되어 있다. 이러한 강점은 장기적인 검사·재검사 신뢰도 연구에서도 유지됨이 증명되었다.

당신이 만 16세 이상이라면, 콜비 테스트 A를 쓴다. 만 10~16세라면 콜비 테스트 Y를 쓴다. 두 가지 테스트* 모두 36개 문항이며, 빠르게 진행되고, 쉽고, 오답이 없다. 질문에 답한 후 1~10까지 네 개의 점수가 나온다. 이들 수치는 콜비가 사실 발견(Fact Finder: 정보를 모으고 공유하기), 마무리(Follow Thru: 배열하고 디자인하기), 빠른 시작(Quick Start: 위험과 불확실성을 다루기), 실행자(Implementor: 공간과 유형의 자산을 관리하기)라고 부르는 4가지 행동 영역에서 타고난 적성을 나타낸다.

이 수치가 어떤 의미가 있는지 할로웰 박사의 콜비 지수 점수 5, 3, 9, 2를 자세히 살펴보겠다.

할로웰 박사의 사실 발견 경향 점수는 5이다. 이것은 그가 어떻게 자연스럽게 정보를 수집하거나 공유하는지 알려준다. 5점은 중간 점수이니까 그는 소위 '조정자'이다. 바꿔 말하면, 그는 모든 사실을 입수하거나 요약만 하는 경향이 있다. 일관되게 어느 한 쪽만을 하면 그는 스트레스를 받을 것이다. 대부분의 ADHD 또는 임기응변적 주의력특성VAST의 사람은, 사실 발견 점수가 낮다. (이것은 나쁜 것은 아니다. 콜비 테스트에서 나쁜 점수는 없다.) 그들의 타고난 재능은 세부 사항을 파고드는 것이 아니라 바로 본론으로 들어가 정보를 요약하는 능력이기 때문이다.

---

* 두 가지 테스트 모두 유료이며, Kolbe.com/TakeA 및 Kolbe.com/TakeY 에서 확인할 수 있다. 좀 더 구체적인 테스트 프로그램인 OPgig 커리어 프로그램(OPgig.com)은 피험자의 특징을 좀 더 정확히 검사할 수 있다.

할로웰 박사의 마무리 점수는 3점이다. 이는 그가 조직화와 처리 과정의 요구에 본능적으로 어떻게 대처하는지 보여준다. 3점인 그는 마무리 과정에 기술적으로 '저항적'인데, 이는 ADHD 또는 임기응변적 주의력특성^{VAST} 사람들에게 전형적으로 나타나는 특징이다. 바꿔 말하면 사전에 치밀한 접근 방법을 세우지 않고, 문제를 해결할 때 손쉬운 방법을 택해 더 좋은 해답을 찾을 수 있다.

할로웰 박사의 빠른 시작 점수는 9점이다. 이것은 그가 위기 상황과 불확실성에 어떻게 대처하는지 보여준다. 빠른 시작이 9점인 그는, 이런 방식을 '고집'하기 때문에 ADHD 또는 임기응변적 주의력특성^{VAST}을 가진 사람들을 좋아한다. 그들은 물의 깊이를 모른 채 물속으로 몸을 던진다. 기억하라. "발사, 준비, 조준." 발사한 뒤 준비하고 조준하는 것, 이것이 그들의 방식이다.

할로웰 박사의 실행자 점수 2점은 그의 실행자 경향이 어떠한지, 즉 그가 실무 작업과 공간 관리를 얼마나 자연스럽게 하는지를 보여준다. 2점이라는 점수는 그가 거주하거나 작업을 하는 물리적 공간을 정리하고 보호하기보다는 마음속으로 상상하고 있음을 시사한다. ADHD 또는 임기응변적 주의력특성^{VAST}을 가진 많은 사람들은 이런 기준과는 아주 동떨어져 있다. 그들은 일을 하면서 움직이고 움직임을 만들어내야 한다. 그들은 당면한 문제에 대해 구체적이고 직접 만든 해결책을 내야만 직성이 풀린다.

콜비의 웹사이트에서는 채점 과정이 자세하게 설명되어 있어, 당신이 지금 어떤 상황인지, 그리고 당신이 에너지를 집중하기 위해 어떻게 해야 하는지를 이해하는데 도움이 된다. 가치가 있는 모든 것이 그러하듯, 값진 것을 얻으려면 약간의 작업이 필요하다. 이건 눈속임이 아니다. 그러나 당신이 30분에서 1시간 정도 시간을 들여 이 테스트를 한다면 큰 성과를 거둘 수 있을 것이다. 이런 숫자들에 내포된 비밀들을 풀어 보면, 훨씬 더 깊이 그리고 도움이 되는 방식으로 자기 자신을 이해할 수 있을 것이다.

우리가 제시한 짧은 질문들이나 작동 방식을 깨닫게 하는 콜비 테스트를 거쳐 당신의 강점을 인식했다면, 당신은 당신에게 딱 맞는 일, 정말 어울리는 과제를 발견한다는 큰 상을 받게 될 것이다.

됐어요, 선생님. 저는 정말 빡센 방법을 택할래요
(a.k.a 자기 발등 자기가 찍기)

정말 어렵고 힘들고 빡센 방법을 택하는 것, 그것은 ADHD를 가지고 있는 우리에게는 재미있는 일이다. 우리는 다른 사람이 피하고 싶어 하는 것을 원한다. 우리는 문제를 좋아한다. 어려운 것, 도전할 만한 과제가 있어야 한다. 단순한 것은 재미없기 때문이다. 격렬한 도전과 자극이 필요하다. 그러나 이미 말했듯이 단지 도전 그 자체를 위한 도전은 기껏해야 역효과가 나기 일쑤고, 최악의 경우 자기 발등을 자기가 찍으면서 자멸적 결과로 이어질 수 있다. 존이라고 이름 붙인 환자의 이야기를 들어 보자.

유감스럽게도 나를 극단으로 몰아가는 것이, 나를 행복하게 만

들지는 못합니다. 제 뇌가 작동하는 방식을 설명하자면, 항상 해
결 불가능할 정도로 어려운 프로젝트에 임하기를 요구한다는 겁
니다. 그렇게 하지 않으면 지루하고 안절부절못해요. 아내에게
"만약 당신이 나를 일주일 동안 해변에 데려다 놓고, 쉬라고 하면
서 핸드폰과 펜과 종이를 빼앗아도, 30분만 지나면 나는 내 피를
짜서라도 해야 할 일의 목록과 새로운 사업 아이디어를 적기 시
작할 거야."라고 말하기도 했죠. 하지만 그런 일은 힘들고 스트레
스를 많이 받기 때문에, 나를 행복하게 해 주는 것은 절대 아닙니
다. 정말 이러지도 저러지도 못하는 그야말로 총체적 난국입니다.
　내가 깨어 있는 매 순간 치열하게 해결해야 하는 문제로 나를
몰아가건, 또는 지루하고 불안하고, 내 자신을 어떻게 해야 할지
모르는 상태로 멍하게 있건 간에 말이죠.

　우리는 하루 종일 존처럼 누군가가 명성, 돈, 물질적 이익과는 상
관없이 거의 불가능하다고 생각하는 것을 이루기 위해 자기가 가진
모든 것을 과감히 다 소진해 버린다는 영웅담을 듣는다. 무엇이 이토
록 자멸적 상황으로 몰아가는 걸까? 화산이 부글부글 끓듯이 지극히
어려운 것, 어려운 도전 과제에 대한 내적 요구가 솟구치고 있다.
　그건 바로 ADHD나 임기응변적 주의력특성^{VAST}의 사람들은 포기
하는 것이 어렵기 때문이다. 생산적으로 어떤 일을 하고 그래서 인생
이 개선된다면, 그 어떤 일을 고집하는 것은 훌륭한 자질이다. 그러
나 고집 그 자체를 위해 고집하게 되면, 그건 시지포스라고 할 수 있
지 않을까. 굴러 떨어지는 바위를 매일 산 위로 올리는, 영원히 그 일

을 계속하는 신화 속의 인물 말이다. 어떻게 보면, 사람들이 고통 속에서, 괴로움과 패배를 겪으면서 인생의 진정한 의미를 깨닫는 것처럼 존과 같은 사람들은 계속되는 실패의 과정을 즐기는 것처럼 보인다. 그들의 승리는 무슨 일이 있어도 '계속' 하는 것이다.

문제를 복잡하게 만드는 것은 ADHD 또는 임기응변적 주의력특성VAST 경향이 있는 사람들은 보통 도움을 거부한다는 것이다. 물론 이 특성에는 긍정적인 점도 있다. 이것을 일반적인 관행을 따르지 않는 것이라고 한다. 직설적으로 말하자면, 주의력 문제가 있는 사람은 남이 하는 헛소리를 매우 예민하게 파악하는 경향이 있다. 우리는 다른 사람들의 위선을 그 어떤 결점보다 싫어하고 십리 밖에서도 냄새를 맡는다. 우리는 사이비 집단에 참여하지 않는다. 그것은 틀림없이 도움을 거부하는 특성의 좋은 면이다.

하지만 극단적으로 말하면, 이것은 역효과를 낳는다. 도움을 거부하는 사람은 교육, 건강, 사회적 경력, 인간관계를 망칠 수 있다. 앞에서 말한 것처럼, 젊건 나이가 들었건 간에 이런 경향이 있는 사람들이 "도움을 받아 성공하느니 내 방식대로 하다 실패하는 게 낫다."고 말하는 것은 드문 일이 아니다. 우리가 그레그라고 부를 환자는 할로웰 박사와 대화를 나누면서, 힘겹게 꾸려 나가는 작은 상점의 경영에 도움을 받는 것을 거부하면서 그 이유를 설명했다.

그레그: 그게 바로 접니다. 저는 독립적인 사람입니다. 전 항상 독립적이었습니다.

할로웰 박사: 하지만 내가 당신을 코치와 연결할 수 있다면, 그

사람은 당신이 잘하지 못하는 일정 조정이나 우선순위 같은 세부 사항을 정하도록 도와 사업을 망치지 않도록 해 줄 겁니다. 그런데 왜 당신은 이런 도움을 받으려 하지 않나요?

그레그: 그러면 성공한 것은 나 자신이 아니잖아요. 성공을 코치와 나누어 가져야 합니다.

할로웰 박사: 하지만, 성공이란 대부분 그런 것 아닙니까? 의대생 시절 저를 가르친 교수와 젊은 시절 저를 코치해 준 경험 많은 의사 선생님의 도움이 없으면 저는 의사가 못 되었을 거예요.

그레그: 그건 아니에요. 저는 제 스스로 저의 낚시용품점을 운영할 수 있어야만 해요. 의대에 다니는 건 아니니까요.

할로웰 박사: 작은 가게를 운영하는 것도 의대를 다니는 것만큼이나 복잡하고 까다로운 일이겠지요. 당신을 매우 불쾌하게 만들겠지만 그래도 도움을 받으시면 어떨까요?

그레그: 잘 모르겠지만 선생님, 이전에 약을 먹어 보자는 말씀을 하셨을 때 똑같은 이야기를 했던 것 같네요. 저는 '혼자서' 하고 싶습니다. 제 인생이니까 제 방식대로, 제 뜻대로 살고 싶습니다.

할로웰 박사: 하지만 당신이 그런 방식이 얼마나 자멸적이고 얼마나 파국적인지 알았으면 합니다. 특히 오늘날의 세계에서는 어느 누구도 단독적으로 존재할 수 없습니다. 혼자서만 살 수 있는 사람은 없습니다. 우리는 모두 서로 의존하고 있습니다. 인생의 현실적인 목표는 독자적으로 존재하는 것이 아니라 효과적으로 상호 의존하는 것입니다. 바꿔 말하면, 당신은 얻는 것만큼 줄

수도 있어야 합니다. 그것이 성공한 사람들의 운영 방법입니다. 왜 굳이 자신이 서투른 일을 하면서 시간을 낭비하나요? 그 시간에 당신이 잘하는 일을 할 수 있도록 다른 누군가를 고용해서 그 일을 시키세요.

그레그: 그건 절대로 제 성질에 맞지 않네요.

할로웰 박사: 글쎄요, 그것 때문에 당신이 좌절할 겁니다. 당신은 크게 성공할 수도 있는데 그 성질 때문에 성공 못 할 수도 있어요. 당신은 낚시 산업에서 주요한 플레이어가 될 만한 재능이 있습니다. 낚시 산업을 잘 아는 사람들이 당신에게 그렇다고 말했죠. 당신은 뛰어난 기업가의 재능이 있습니다. 그러니 그걸 활용하세요.

우리 둘 다 수많은 환자와 수도 없이 이런 대화를 나누었다. 우리의 경험으로는, ADHD 진단이 내려진 후 도움을 받는 것을 거부하는 것이 그 환자가 개선되지 않는 가장 큰 이유이다. 그렇기 때문에 적절한 과제를 정확하게 찾는 것이 매우 중요하다. 존과 그레그뿐 아니라 다른 환자들의 경우에서 볼 수 있듯이, 잘못 대처하면 우리는 몇 년이고 몇 십 년이고 짜증나고 어리석게도 불가능한 일을 추구할 수 있다. (덧붙여서 결혼이나 그 외의 인간관계에 대해서도 같은 원칙이 딱 들어맞는다.)

앞서 나온 10문항의 강점 기반 평가서(111쪽) 또는 콜비 테스트이건 당신이 자신의 강점을 알았다면, 자신이 잘하는 것과 자신이 좋아하며 하는 것이 겹치는 부분에 대해 더 이해하기를 권한다. 우리 두 사람 모두 당신 자신의 과제를 해결하도록 코치할 수는 없다. 그건

(일할 때 번득이는) 당신 자신의 독특한 능력으로 이루어지는 것이다. 그러나 우리는 당신이 자각한 재능이 성장하도록 당신의 환경을 비옥한 토양으로 만들게끔 당신을 도울 수 있다. 그것이 다음 장의 주제이다.

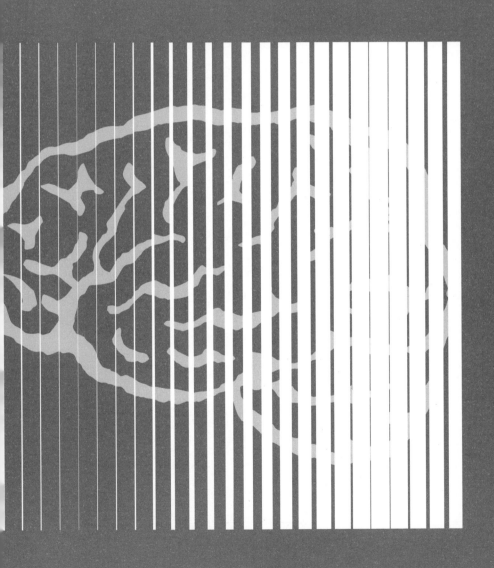

6장
최상의 환경을 만들라

우리가 지금 ADHD라고 부르는 것에 대한 개념이 형성될 때부터, 사람들은 ADHD가 주변 환경에 따라 발생하는지, 또 환경을 변화시키면 ADHD에 부수되는 문제들이 달라질 수 있는지 궁금하게 생각했다. 1937년에 우리가 현재 ADHD라고 부르는 것을 치료하기 위해 처음으로 어린이에게 암페타민(현재 한국에서는 오남용 우려로 생산, 유통, 구매가 금지되었다._감수자)이라는 약물을 쓴 의사 찰스 브래들리는 병동을 환경 공학적 원칙에 따라 운영했다. 약물 치료 외에도 그는 조명을 조절하고 직원의 의복을 달리하면서 실험해, 환경이 변화함에 따라 환자에게 어떤 영향을 미치는지 확인했다.

이제 우리는 ADHD의 개념을 임기응변적 주의력특성^{VAST} 특징을 포함하도록 확장했으므로, 엄밀히 말하면 약물 치료는 ADHD 진단을 받은 사람들에게만 해당된다. 그래서 이런 질문이 더욱 중요한 의미를 갖게 된다. 주의력 문제가 있는 사람들에게, 최선의 환경은 무엇일까? 그리고 그런 환경을 만들면 사람들은 얼마나 달라질까?

환경의 영향

간단히 말하자면, 환경은 매우 중요하다. 현재 모든 종류의 연구에 따르면 우리의 환경(식사, 독소에 대한 노출, 만성 스트레스 및 기타 수많은 요인을 포함)이 유전자의 '발현' 방법을 바꿀 가능성이 있다고 한다. 한 마디로, 당신이 어떻게 생활하는지가 유전적 소인이 있는 병에 걸렸는지 아닌지를 결정하게 된다. 바꾸어 말하면, 당신의 환경은 강력한 강장제이다. 당신을 좋게 만들든, 나쁘게 만들든 말이다.

대다수의 성인들은 환경이 극적으로 변화하기 전까지는 ADHD 를 발견하지 못한다. 예를 들어, 여성이 첫 아이를 출산하거나 입양하면, 수면 부족(출산했을 경우는 신체 변화까지 수반한다.)에 온갖 일을 끝도 없이 그리고 대부분은 한꺼번에 해내야 하는 환장할 만한 상황이 벌어진다. 수레가 엎어져 사과가 우르르 쏟아진 상황이라고나 할까. 아이가 없을 때의 조용하고 질서정연함이 사라지면, 갓 엄마가 된 여성은 해도 해도 끝이 없는 일에 지쳐 자신이 비생산적이라고, 정말 미칠 것 같다고 느끼게 된다. 그런데 수레를 세우고 사과를 다시 주워 담듯, 초보 엄마들은 가끔은 하루를 질서 있고 평온하게 만들 새로운 방법을 찾을 수 있다. 특히 누군가가 육아나 가사를 도와주고 그녀가 잠을 푹 잘 수 있다면, 그녀의 생산성과 평정은 돌아온다. 그러나 때로는 세상이 통상 새로운 모성, 혹은 '엄마의 뇌(mommy brain, 새로 출산한 여성이 건망증이 심하거나, 정신이 없거나, 쉽게 산만해지는 상태_감수자)'라고 하는 것은 기저에 놓인 ADHD를 가리키고 있으며, 환경이 급격하게 변했을 경우에만 이것이 드러난다.

또 다른 예는, 학교나 학년이 달라질 때 생기는 변화이다. 초등학교이건 대학교 혹은 대학원이건 상관없이 말이다. 우리 두 사람이 잘 아는 의과대학을 예로 들어보자. 공부를 썩 잘해서 의대에 진학한 학생은 갑자기 이전과는 비교도 안 될 정도로 뇌에 과부하가 걸려 버린다. 물 한 모금 마시려는데, 소방호스에서 폭포처럼 쏟아지는 물을 맞는 것처럼, 엄청난 학습량과 학습 속도는 다른 모든 것에 우선하게 되고, 결국은 건강을 유지하는데 도움이 되는 습관, 수면, 영양 및 규칙적인 운동 등은 먼 나라 일이 되고 만다. 아마 앞의 초보 엄마처럼 이 학생도 안정을 찾을 수 것이다. 만일 안정을 찾지 못한다면, 얼마 안 가 기저에 있는 ADHD를 발견하게 되고, 진단을 받고, 도움을 얻게 될 수도 있다. 그런데 이 상황은 임기응변적 주의력특성^{VAST}의 온상이기도 하다. 환경의 변화에 따라 주의력 문제가 발생했다면, 특히 건강하지 못한 환경에서 발생했다면 이 문제는 더더욱 가라앉히기 힘들다.

당신의 환경을 정리하는 방법

명확하게 제어할 수 없는 환경의 요소들이 있다. 초보 엄마들은 아기가 잠들고 깨는 시간, 또는 아기에게 젖을 먹이거나 안거나 기저귀를 갈아야 하는 시간을 제어할 수 없다. 그리고 새로운 학문적 또는 직업적 과제가 바로 그렇다. 당신은 따라가기 위해 노력해야 한다. 그러나 우리의 환경에는 절대로 제어할 수 있는 것들이 있으며, 특히 주의력 문제가 발생한 경우에 환경을 제어하는 것은 반드시 필요하다. 연결, 운동, 스트레스 줄이기(이것들은 매우 중요하기 때문에, 다른 장에서 설명하고 있다. 4장과 7장을 참고하라) 외에, 당신 자신 또는 당신의 자녀를 위해 집중해야 하는 5가지 환경 영역이 있다. 일상의 구조, 영양, 수면, 당신의 세계를 충분히 긍정적으로 받아들이는 것, 그리고 '적절한 도움'을 찾는 것이다.

일상의 구조

구조를 짠다는 것은 일반적으로 ADHD나 임기응변적 주의력특성 VAST 특징을 가진 사람이 자연스럽게 하는 일은 아니다. 구조를 따르고 그것을 좋아하게 되는 일은 더더욱 일어나기 어렵다. 사실 '구조'라는 것에 당신은 거부감을 가질 것이다. 결국 자유롭고 어디에도 소속되지 않는 인간, 그것이 천성이다. 그러나 우리에게 기계적 구조는 가장 중요하고 도움이 되는 라이프스타일일 것이다. 구조는 봅슬레이 경주로의 벽이 되어줄 것이다. 그 벽이 없다면, 당신은 끔찍한 재앙을 맞을 것이다.

하지만 구조라는 놈을 두려워하지 마라. 당신은 이미 일상의 습관 형태로 당신의 일상에 어떤 구조를 갖고 있음을 명심하라. 당신은 보통 매일 이를 닦고 샤워를 할 것이다. 우리는 (일상생활에서 필요할 때) 당신이 '부탁해요.' 혹은 '고마워요.'라고 말할 것이라고 생각한다. 운이 좋으면 당신은 식사를 할 때 무릎에 냅킨을 놓을 것이고, 다 먹으면 그릇을 식기 세척기나 싱크대로 가져갈 것이다. 당신은 좋은 습관을 몸에 익히고 있는 것은 누군가가 이런 좋은 습관이 얼마나 중요한지 설명했기 때문이다. 이러한 좋은 습관이 몸에 배지 않았다면, 지금부터라도 익히면 된다. 여러 가지 방법으로 당신 자신을 바꿔나갈 수 있다.

흔히 말하듯, 하기 제일 쉬운 일부터 시작하자. 우선 일정을 짜라. 그리고 해야 할 일의 목록을 적는다. 이러한 두 가지 오래된 전략을 사용하여 구조를 만들면 계획하기, 우선순위 부여에 도움이 될 뿐 아니라 점점 더 시간에 맞춰 일하게 되고, 뒤로 미루고 질질 끄는 일도 줄어들 것이다. 단지 의자에 앉아서 일정이나 작업할 일의 목록을 쓰거나 타이핑하는 간단한 행위가 정말 도움이 된다. 왜냐하면 쌓여만 있는 당신이 할 작업이 구체적으로 무엇인지 항목으로 구분하는 매 순간, 당신은 그것들의 중요도를 신경학적으로 강화하기 때문이다.

당신이 성인이라면, 일정과 기억을 상기하는데 필요한 하드웨어(노트북, 포스트잇, 휴대용 녹음기)와 소프트웨어(당신이 어디로 가야 하는지, 어떤 일을 끝내야 하는지 미리미리 알려 주는 앱과 알람)에 부족함이 없다. 그러니 뭐가 부족해서 뭐가 없어서 당신 자신의 단순한(또는 복잡한) 시스템을 구축하지 않는다는 것은 말도 안 된다. 메모와 띵똥 소리에 주의를 기울인다고 해서 시스템이 구축된 것은 아니다. 이미 시작한 일을 완전히 끝내기 위해 얼마나 자주 알람 소리를 듣고 그 일을 상기하고, 또 알람을 켜고 끄고 하는가. 그렇지만 몇 시간 후 우리 마음이 완전히 딴 데 가 있고, 결국 기차를 놓쳤다는 것을 알게 된다. 이는 신경전형적 사람들한테도 일어나지만, 확실히 ADHD인 사람의 마음에 빈번하게 일어난다. 이를 해결하는 비법은 업무 파트너 혹은 배우자에게 전화를 걸어달라고 하거나 하던 일을 마저 하라고 슬쩍 말해 달라고 하는 형태로라도 보조 알림 시스템을 구축하는 것이다.

그러나 물론 당신은 해야 할 모든 일에 대해 알림 시스템을 설정할 수는 없다. 그렇게 되면 모든 알람이나 알림 경보가 하루 종일 울리게 될 것이다. (이는 다른 이유로도 권장할 수 없다. 132쪽의 전자기기 전원 끄기 내용을 참조하라.) 그리고 타인에게 끊임없이 잔소리를 하도록 부탁하는 것도 파트너나 배우자의 에너지를 소모시키니 좋지 않은 일이다.

작은 것부터 시작하자. 일단 정기적이고 규칙적으로 하도록 예정된 약속이나 작업을 한두 개 선택하고 그것을 끝까지 해 낼 수 있는 구조를 설정하라. 당신이 그 일을 완수할 때까지 당신에게 어떤 일이 일어나는지 실험해 보라. 모든 약속된 것들을 행하면, 특별한 일이 아니더라도 그 일이 완료된 뒤 당신은 약간의 자기만족을 얻을 수 있고, 당신 주변의 사람들도 당신에게 긍정적인 피드백을 보낼 것이다. 이런 긍정적인 피드백 보상은 더 많이 이런 보상을 얻고자 하는 욕구를 강화하고, 그 일정과 일의 목록에 끊임없이 관심을 기울이도록 동기를 부여할 것이다.

당신이 ADHD 또는 임기응변적 주의력특성^{VAST} 경향이 있는 자녀의 부모일 경우, 당신은 아마도 당신의 자녀를 대신하여 이러한 일정과 일상의 설정자가 되고 싶을 것이며, 그들이 계속 자기 일을 할 수 있도록 알람이나 알림 경보를 울리는 사람이 되고 싶을 것이다. 이는 헬리콥터 육아와 같은 것이 아니다. 아이들을 위해 주위를 맴돌며 하나하나 고쳐 주고 모든 것을 해결해 줄 필요는 없다. 대신에 당신의 역할을 핀볼(유리로 덮힌 케이스 안에서 작은 공이 범퍼와 목표물을 치면서 점수를 얻는 오락_옮긴이) 기계의 범퍼, 아이들의 에너지와 거친 생각을 억제하는 구조물이라고 생각해 주기 바란다(범퍼는 공이 케이스 밖으로 튀어 나가지 않도록, 그리고 다른 길로 구를 수 있도록 방향을 조정한다._옮긴이). 간단히 말해, 모든 아이들은 누가 책임자인지 알 때, 더 낫게 행동한다. 아이들은 자기가 책임자가 아니라는 것을 알면, 안정감과 질서가 있음을 느낀다. 어느 정도는 성인들도 마찬가지이다. 예를 들어 직장에서 명확한 지휘 계통을 갖추는 것은 조직의 지향성을 높이고 특히

ADHD가 있는 직원에게 도움이 된다.

우리가 당신에게 자녀들의 시간을 정기적이고 명확하게 만드는 것의 중요성을 납득시키는 것만큼이나, 당신이 아이의 하루 일과에 구조화되어 있지 않고 자유롭게 놀 수 있는 시간을 반드시 넣는 것도 매우 중요하다! 뛰어다니고, 움직이고, 상상하고, 뭔가를 만들고……, 이것이야말로 어린 시절에 마땅히 해야 할 일이며, ADHD나 임기응변적 주의력특성^{VAST}인 아이의 마음에 이러한 감정을 분출하고 무엇인가를 창조하는 시간은 더더욱 필요한 것이다.

아이가 구조를 짜는 책임을 맡기에 적당한 나이가 몇 살인지 알 수는 없다. 그 나이는 아이마다 다를 것이다. 당신이 통제권을 양보할때, 아이가 각각의 새로운 책임을 질 준비가 되어 있음을 확인할 수 있도록 단계적으로 시행하라.

주의 사항: 전자기기가 성인과 어린이를 위해 구조를 만들고 유지하는 데에 도움이 될 수 있음을 부정할 수 없다. 하지만, 개미지옥처럼 한 번 빠지면 헤어 나오기 힘든 인터넷과 SNS를 경계하라! 자판을 누르거나 화면을 터치하는 것만으로도 하나의 주제에서 다음 주제로 이동할 수 있다는 것은, 자극(빛, 색, 사진, 아이디어!)의 충격을 줄 수 있다. 이러한 자극들은 지루함을 싫어하는 뇌에 편안함을 느끼게 하고 뇌가 그것에 빨려 들도록 하니 더더욱 경계해야 한다.

인터넷의 소용돌이에 휘말리는 경향을 인식하는 것은 충동을 제어하기 위한 첫 번째 단계이다. 그러나 충동 제어를 위해 구체적으로 할일이 있다. 어른들은 매일 몇 시간 동안은 스마트폰이나 태블릿 등 전자기기를 끄거나 옆에다 떼어 놓고 스크린 보는 일을 자제해야 한다.

(이렇게 하는 것을 가족 모두가 지키는 규칙으로 만들면 훨씬 쉬워진다.) 그리고 자는 곳에는 전자기기를 두지 않도록 한다. 업무상 통화 대기를 하지 않아도 된다면, 스마트폰이나 태블릿 충전은 밤새 침실이 아닌 다른 방에서 하도록 한다.

ADHD 또는 임기응변적 주의력특성^{VAST} 경향이 있는 어린이는, 부모가 아이의 간청을 뿌리치고 통제력을 발휘할 수 있는 한, 평상시의 전자기기 사용을 억제해야 한다. 일단 아이에게 항복하고 전자기기를 준다면, 되돌릴 여지가 거의 없다. 아이에게 자신의 하루에 대한 책임을 줄 때처럼, 몇 살에 아이에게 전자기기를 줄 것이냐는 집집마다 다를 것이다. 다만, 전자기기를 줄 경우, 기기를 끌 때와 쓸 수 있는 때를 포함해 반드시 기기 사용의 범위를 명확히 해야 한다. 그리고 반드시 다시 한 번 말하건대 반드시, 밤에는 기기를 거둬들여야 한다 (142쪽의 '잠'을 참조).

그리고 격려의 메시지: 일의 결과보다는 보상이 ADHD인 사람의 마음에 훨씬 더 잘 작동한다. 그러므로 당신이 당신 자신을 위해 구조화 작업을 하는 성인이든, 아이를 위해 그런 작업을 하는 부모이든, 당신이 고안한 시스템에 작은 보상을 만들라. 앞에서 말한 것처럼, 다른 사람에게 칭찬을 받는 것은 항상 훌륭한 일이다. (부모님들, 선생님들, 참고하세요!) 하지만 큰 일을 완수하거나 작은 일이라도 끊임없이 기억할 때, 자신이나 자녀에게 개인적으로 가치가 있는 것을 주는 것은 어떨까? 이런 작은 보상이 가정, 학교, 또는 직장에서 ADHD 또는 임기응변적 주의력특성^{VAST}에 친화적인 구조를 만드는데 크게 도움이 될 것이다.

가정, 학교 또는 직장에서 ADHD 또는 임기응변적 주의력특성^{VAST}에 적합한 구조를 구축하기 위한 가이드로 다음과 같은 체크 리스트를 염두에 두라.

가정에서의 최상의 환경

당신은 당신의 가정환경을 가장 잘 통제할 수 있다. 당신과 당신의 아이를 위해 당신의 집이 안전한 피신처이자 행복한 장소가 되도록 노력하고 노력하라. 주요 요소는 다음과 같다.

- 장난기 있는 태도.
- 모든 사람이 진실하고, 진실한 사람이 될 수 있는 권한.
- 혼돈과 혼란을 피하기 위한 충분한 일상의 구조, 일정 및 규칙.
- 집에 사는 사람과 함께 매일 함께 식사를 하라. 음식은 우리를 하나로 만들어 줄 수 있다.
- 함께 걱정한다. 아무도 혼자 걱정해서는 안 된다.
- 자기주장을 격려하고, 무슨 일이든 거리낌 없이 말하도록 하라.
- (화를 냈다면) 화를 풀고 잠자리에 들라.
- 가능하다면 반려동물을 기르라.
- 웃음소리, 크고 떠들썩한 웃음소리.
- 하지만, 아무리 재미있어도 비웃거나 놀리기 없기.
- 솔직하고 또 솔직하기. 허풍선이 같은 헛소리는 하지 말라.
- 하지만 잔인할 정도로 솔직하지는 말자. 부드럽고 상냥하게 솔직하도록 하자.

- 감사함을 나타내는 것은 중요하다. 사랑과 감사의 토양에서 크고 지속적인 기쁨이 뿌리를 내리고 자란다.
- 서로를 응원한다.
- 이 목록에 당신과 당신이 함께 살고 있는 사람을 추가하라. 그들이 누구이건 가장 소중한 사람들이다.

최상의 학습 환경

당신은 자녀가 어느 학교를 갈지 결정할 수 없어도, 교실에서 다음과 같은 일들을 옹호할 수 있다.

- 두려움이 적고 신뢰성이 높은 분위기.
- 수치심을 주는 것은 허용되지 않는다.
- 교실의 규칙은 명확하다. 더 잘한 사람, 그들이 벽에 게시된다.
- 다른 사람과 연결을 촉진하는 좌석 배치.
- 소크라테스식 교수법. 즉, 대화를 하고 질문 / 답변을 통해 정보를 얻는 방식. 나는 강의하고 / 너는 듣는다는 하향식 구조는 ADHD의 마음과 양립하지 않는다.
- 가능한 한 학생 중심 프로젝트 기반 학습(학습자가 프로젝트를 직접 설계하여 문제를 해결하는 학습 과정_옮긴이).
- 혁신성과 진취성을 장려한다.
- 수업 중 잠깐씩 가벼운 운동-일어서기, 춤추기, 제자리 뛰기, 스트레칭 등(미국의 상황이라 한국과 다른 듯하다._옮긴이).
- 강점을 발견하도록 장려하는 교사와 교육 행정.

최상의 작업 환경

당신이 지금 일하고 있는 직장으로 눈을 돌려서 이 목록을 읽어보라. 웬만큼 충족이 되는가? 그렇지 않은 경우라면 당신의 요구를 충족시키는 작업 환경을 찾기 시작할 때가 되었다.

- 직위가 높건 낮건 두려움이 적고, 신뢰는 높다.
- 구조화되어 있고 조직적이지만 엄격하지는 않다.
- 타인과의 연결을 촉진시켜주는 작업 환경 설정
- 솔직하게 말할 수 있다.
- 험담이나 뒷담화를 막기 위한 조직적 혹은 회사 차원의 정책.
- 명확한 권한과 의사소통의 계통.
- 휴가, 월차나 반차, 직장 내 괴롭힘, 개인적인 이메일이나 문자 메시지 등 여러 가지 중요한 문제에 대한 명확한 정책.
- 인사 부서의 개입이 적고, 동료와 직접적이고 개인적으로 일을 하는 비율이 높다(직장 내 괴롭힘이 있는 경우를 제외하고, 인사 부서는 당신을 지지해야 한다!).
- 당신의 강점과 약점을 모두 알고, 당신을 인정한다.
- 누구나 자기 일에 주도적이고, 통제권을 행사하며, 업무에 대한 성과를 인정하는 수용력.
- 직원의 재능과 업무를 일치시키기 위해 분명히 노력하는 경영진.
- 회사의 전망에 대해 명확하게 말하고 설명하는 경영진.

영양

당신 몸에 어떤 연료를 공급하는가는 정말로 중요하다. 좋은 휘발유(음식)를 넣으면, 당신의 엔진(몸)이 원활하게 작동한다. 물론 어떤 음식이 가장 좋은 것인지에 대한 상반된 조언들이 항상 있다. 당신이 체중 감량, 심장 건강, 항염증 또는 동물 복지를 신경 쓰는지에 상관없이, 모든 종류의 식이요법과 모든 종류의 '최상의' 영양소 조합에 대해 말하는 도서관 장서만큼이나 많은 책들이 있다.

그러나 ADHD의 뇌에 무엇이 가장 좋은 연료인지에 대해서는 논란의 여지가 없다. 우리는 어떤 종류의 식품이 당신 '엔진'의 과잉행동 또는 표준 이하의 성능을 일으키는지 많은 것을 알고 있다. 그건 그리 복잡하지 않다!

일반적으로 자연 식품을 먹는 것이 최선이다. 통곡물은 가공된 곡물보다 좋다. 신선한 식품은 상업적으로 가공되고 포장된 식품보다 좋다. 가공 식품, 정크 푸드, 첨가물이나 방부제 혹은 착색제를 넣은 식품은 피해야 한다.

채소나 과일을 많이 먹을수록 좋다. 건강한 식물성 기름과 동물성 기름=좋다. 트랜스 지방=나쁘다. 과일 주스는 주로 설탕(138쪽 참조) 덩어리이며, 영양가는 없고 칼로리만 높으므로 피하라. 당신의 몸은 또한 가공되지 않은 고기, 생선, 견과류, 계란처럼 양질의 단백질을 필요로 한다.

물을 많이 마셔라. 아니면 차도 좋다. 우리는 커피도 좋아한다. 카페인은 처방전 없이 살 수 있는 집중력을 높이는 최상의 약물이기 때문이다. 적당히 마시고 부작용에 주의하라. 심박수 상승, 부정맥, 잦은 화장실 출입(카페인은 하제와 이뇨제 역할을 한다.), 불면증, 흥분, 과민증 등의 부작용이 있다. 이 모든 것이 커피를 과음했다는 증거이다.

그리고 아주 중요한 조언 하나. 설탕을 피하라. 설탕은 도파민의 생성과 방출을 촉진하는데, ADHD 뇌는 도파민 분출을 매우 좋아한다. 안타깝게도 도파민이 유입될 때 느끼는 쾌감-에너지가 넘치고, 기분이 좋아지고, 만족감을 느낀다.-을 유지하려면, 설탕을 계속 섭취해야 한다. 그것이 바로 한밤중에 정신없이 퍼먹는 1갤런(약 4리터)의 아이스크림, 영화관의 점보 사이즈 팝콘, 모든 음식에 듬뿍 뿌리고 얹는 소스와 토핑류, 푸짐한 쿠키류가 존재하는 이유이다. 이것들은 당연히 당신의 뱃살에 나쁠 뿐만 아니라 설탕과 도파민 섭취 후 느끼는 기분과 포만감이 붕괴되면 끔찍한 느낌이 든다.

영양가가 낮고 ADHD인 사람을 유혹하는 것을 제외하면, 많은 경험을 가진 우리들 대부분은 설탕이 (일부 아이들에게는 파괴적인 행동을 일으키지만) 다른 아이들에게는 문제가 없다는 데 동의한다. 당신은 당신 자신의 수사관이어야 한다. 아이가 친구의 생일파티에 가서 케이크와 아이스크림을 먹고 콜라를 마신 뒤 탄도 미사일처럼 집에 온다면, 다음에는 설탕을 끊거나 파티에 가지 않도록 해서 탄도 미사일에 대비하라.

ADHD 또는 임기응변적 주의력특성^{VAST} 증상이 있는 사람 중에는 유제품(유당)을 배제하거나 글루텐 프리 식품을 먹으면 상황이 나아지는 사람도 있다. 적절한 식품을 찾을 수 있는 가장 좋은 방법은 여러 가지 음식을 시도하는 것이다. 당신이 글루텐 또는 유당불내증이라면 당신은 이미 알고 있을지도 모른다, 그러나 엄밀히 글루텐 또는 유당불내증이 아닌 몇몇 사람들은 어린이나 어른 모두 제한된 식사요법 중 하나를 택하면 훨씬 좋아진다.

약 40년 전, 벤저민 파인골드 박사는 ADHD 치료를 위한 식이요법을 제안했다. 감미료, 첨가물, 착색제 및 살리실산염을 포함하고 있는 체리, 아몬드, 차, 토마토 등의 식품을 배제한 매우 복잡한 배제 식이요법이었다. 아이가 이 식이요법을 하고 개선되면, 배제한 식품을 한 번에 하나씩 추가하기 시작한다. 이를 통해 어떤 식품이 괜찮고, 어떤 식품이 증상을 악화시키는지를 알 수 있다.

많은 사람들이 뭔가 새로운 것을 소개하려고 하는 것처럼 파인골드는 식이요법을 과도하게 진행하였고, 독단적이어서 사람들에게 호의를 잃었다. 그러나 수많은 새로운 시도처럼 그의 계획에는 장점이 많이 있었다. 우리는 특정 아이들이 파인골드 다이어트로 크게 개선된 것을 보았는데, 아마도 배제된 음식에 대한 잠재된 민감성이나 알레르기가 있었기 때문으로 짐작한다.

비타민과 미네랄 보충제

누구에게나 권장할 수 있는 몇 가지 보충제가 있다. 멀티 비타민, 비타민 D, 마그네슘, 비타민 B복합체, 비타민 C('연결'만큼이나 아스코르브산을!), 칼슘, 아연.

이를 넘어, 몇몇 믿을 수 있는 사람들과 몇몇 수상한 사람들이 판매하고 있는 ADHD를 위한 보충제가 있다. 영양 보조 식품은 FDA가 규제하고 있지 않기 때문에 그야말로 무법천지이다. 다수의 자연 치료법을 설명한 권위 있는 책 중의 하나는 리처드 브라운과 퍼트리샤 저버그의 《ADHD 비약물 치료법(Non-drug Treatments for ADHD)》이다. 이 책은 사리사욕도, 자신들이 팔 제품도 없는 의사 두 명이 쓴 뛰어난 책이다.

우리가 특히 추천하는, 직접 섭취하는 건강 보조 식품이 하나 있는데, 오메가 브라이트*라고 한다. 20년도 훨씬 전에 하버드대학교에서 교육받은 캐롤 로크라는 의사가 개발한 오메가-3 지방산 보충제이고, 제약 등급(FDA에서 사람이나 동물에 사용할 수 있도록 승인한 의약품이나 생물학적 시약_감수자)이며, 수은 등의 물질이 포함되어 있지 않다.

지방산이 당신의 뇌, 따라서 ADHD에 좋은 이유는 전선을 감싼 플라스틱 피복처럼 뉴런을 감싸는 수초가 지방으로 이루어져 있기 때문이다. 그 지방 조성을 유지하기 위해서는 필수 지방산이 필요하다. '필수'라는 말은 사람의 몸에서 그것을 합성할 수 없다는 뜻이다. 당신은 그런 것들을 섭취해야 한다. 등푸른생선인 참치, 꽁치, 정어리, 고등어나 멸치, 연어를 1주일에 다섯 끼 정도 먹지 않는 한 식사로는 필수 지방산을 충분히 공급하기 어렵다.

칸나비디올

칸나비디올은 대마에서 추출한 물질이다. 그렇다. 대마초 즉 마리화나와 원료가 같다. 최근 상당히 유행해서 입 냄새부터 요통까지 많은 증상에 추천되곤 하지만, 받아들이지 않는 것이 좋다. 많은 점에서 보충제 다음에나 생각해 볼 일이다.

---

* 오메가 브라이트는 할로웰 박사의 팟캐스트 디스트랙션(Distraction)을 후원한다.

우리가 의대에 다니던 수십 년 전 가장 놀라운 발견 중 하나는 내인성 아편제 수용체 시스템의 발견이었다. 우리의 뇌에 아편 물질에 반응하는 수용체가 내장되어 있다는 것이다. 얼마 후 내인성 모르핀의 약어인 엔도르핀, 즉 우리의 신체가 모르핀을 생성하는 능력(격렬한 운동 후에 느끼는 황홀감!)이 발견되었다.

50년 후, 우리는 지금 몸에도 내인성 칸나비노이드 시스템이 있음을 알고 있다. 몸에서 칸나비디올 성분을 만든다는 뜻이다. 이는 심각한 문제이지만, 불안, 통증, 발작, 중독 그리고 ADHD에 대해서도 치료 가능성을 열어 주기도 한다.

칸나비노이드는 주로 ADHD와 임기응변적 주의력특성^{VAST} 모두에 종종 수반되는 불안을 치료할 수 있는 것 같다. 아마도 가바미네릭 시스템과 상호 작용하여 불안을 완화시키는 것으로 보인다. 허풍 같다고 주저하지 마라. 가바는 단순한 분자로 벤조디아제핀이나 알코올 등의 약물이 촉진하는 신경전달물질이다. 적당한 용량을 복용하면 불안이 진정될 수 있다.

오메가 브라이트사에서는, 2020년 3월부터 칸나비디올도 제조하여 판매하고 있다. 초기 보고서에 따르면 이를 먹으면 진정제 투약 없이 침착성을 되찾는다고 한다. 할로웰 박사는 매일 칸나비디올을 받아 복용하고 있는데, 그의 반응성 즉 너무 빨리 짜증을 내는 경향을 줄인다고 보고하고 있다.

잠

정말 사람들에게 자라고 충고라도 해야 할 지경이 된 걸까? 예전에는 사람들에게 잠에서 깨라고 촉구해야 했다. 이제 우리는 사람들에게 잠을 자도록 촉구할 필요가 있다. 특히 ADHD 또는 임기응변적 주의력특성^{VAST}을 가지고 있어 자극을 찾아다니는 우리 같은 사람들에게 말이다. 우리는 파티를 떠나거나 전자기기 끄기를 싫어해서 너무 늦게까지 깨어 있다. 그러나 충분한 수면을 취하지 못할 경우 뇌는 자기 기능을 100퍼센트 다하지 못한다.

어느 정도 자야 충분할까? 당신이 알람 없이도 깰 수 있을 정도의 수면 시간. 그것이 당신 몸이 생리적으로 요구하는 수면 시간이다. 수면 시간을 확보하면 할수록 당신의 뇌는 보답을 할 것이다. 물론 당신의 신체도 보상을 할 것이다. 수면 부족은 비만, 우울증, 고혈압, 면역 기능 저하(암으로 이어질 수 있다.), 불안 장애 등의 위험을 증가시킨다.

수면 무호흡증이라고 불리는 특정한 수면 장애는 실제로 ADHD처럼 보이는 증세를 야기할 수 있다. 수면 무호흡증은 ADHD의 '감별 진단', 즉 ADHD처럼 보이는 질환들을 나열한 목록에 포함되어 있다. 그 목록에는 갑상선 기능 항진증과 갑상선 기능 저하증, 우울증, **카페인 중독**(커피나 다른 카페인 음료를 과음하는 것), **양극성 장애**(지나치게 들뜨는 조증 상태와 기분이 가라앉는 울증 상태가 일정 기간 동안 번갈아가며 극단적으로 나타나는 기분 장애. 조울증_감수자), **불안 장애**(이유 없이 불안을 느끼거나 불안의 정도가 지나친 정신 장애_감수자), **크롬친화성세포종**(부신 수질 내에 생기는 조그마한 종양으로 고혈압, 부정맥을 유발한다._감수자), **물질**

사용 장애(알코올이나 마약 등 특정 물질을 반복해서 사용해, 심리나 행동에 문제가 있지만 이를 조절하지 못하는 상태. 중독_감수자), 외상 후 스트레스 장애 그리고 굉장히 많은 비밀과 굉장히 수치심을 느끼게 하는(정식 진단은 아니지만 우리는 그것을 많이 본다.) 수많은 증상들이 있다. 이 모든 조건들은 ADHD와 비슷할 뿐만 아니라, ADHD에 수반될 수도 있다.

수면 무호흡증을 앓고 있는 사람이 있다면 이를 치료함으로써 ADHD처럼 보이는 증상을 기본적으로는 치료할 수 있다. 수면 검사실이 있는 병원에서 이에 대한 진단을 받을 수 있다. 일반적으로 피곤한 채 잠에서 깨는 경우, 너무 뚱뚱한 경우(단 마른 사람이라도 수면 무호흡이 될 가능성은 있다.), 특히 짜증을 내기 쉬운 경향이 있다면 이런 증세가 있다고 의심할 수 있다.

약도 사람이 잠드는 것을 도울 수 있지만 불면증, 우울증, 불안에 대해 FDA에서 승인한 비교적 새로운 기기가 있다. 그 기기는 ADHD가 있는 모든 연령의 환자에게도 도움이 되는 것으로 나타났다. 피셔월리스 자극기라는 기기이다. 이 기기는 큰 부작용이 없으며, 어떤 식으로라도 의존성을 형성하지 않는다. 약한 교류 전류를 사용하여 세로토닌, 도파민, 베타엔도르핀 등의 주요 신경전달물질과 스트레스 호르몬인 코르티솔을 낮춘다. 모든 연령의 환자에게 안전하고 사용하기 쉬우며, 해당 진료소에서 의료 면허를 갖고 있는 사람의 추천을 받아 사용할 수 있다. 할로웰 박사는 그것을 수십 명의 환자에게 처방했다. 모든 사람에게 효과를 보지는 못했지만, 대부분의 환자에게 효과가 있었고, 불면증, 우울증, 불안뿐 아니라 ADHD에 대해서도 개선 상태를 보이고 있다. 또한 불안, 우울증, 불면증은 ADHD와 공존하는 일반적인 상태이기 때문에 자극 장치는 고려해야 할 뛰어난 비투약 대체 수단이다. 이 기기를 사용한 사람들의 후기와 참고자료는 Fisherwallace.com으로 문의하시기 바란다.*

수면 위생을 실천하는 방법

수면 검사실은 아래 권장 사항의 효과를 증명할 수 있다. 당신 자신의 경험이 이를 뒷받침하는 것은 물론이다. 바로 이렇게 하면 더 오래, 더 푹 잘 수 있다.

- 전자기기의 전원을 적어도 잠자리에 들기 1시간 전에 끄라. 뇌가 감속되고 자극을 덜 받게 되는 시간이 확보될 것이다.
- 전자기기는 밤새 침실 밖에서 충전하라.
- 침실을 최대한 어둡게 하라. 빛이 없다는 것은 24시간 주기의 생체 리듬이 안정을 찾을 시간을 알려 주는 중요한 신호이다.
- 난방을 약하게 하라. 또는 창문을 조금 열어 신선하고 차가운 공기를 들이기도 하고, 선풍기나 에어컨을 켜도 된다.

당신의 세계에 긍정성을 부여하라

지금까지 주로 제어할 수 있는 것에 대해 이야기했다. 예를 들어, 하루의 구조, 무엇을 먹을 것인가, 언제 머리를 베개에 누일 것인가

---

* 할로웰 박사도 레이티 박사도 피셔 월리스에게 금전적 보상을 받지 않았음을 밝힌다.

등등. 그러나 다른 사람들도 당신 환경의 일부이며, 당신은 그들의 행동이나 외양을 최소한으로밖에 제어할 수 없다. 하지만 당신은 당신의 세계에 누구를 입장시킬지, 그리고 어느 정도는 누구와 시간을 보낼 것인지 선택할 수 있다. 그러니 현명하게 선택하라.

자녀에 대해, 당신이 선택할 수 있는 사치를 누릴 수 있다면, 이것은 자녀의 강점이 작동하도록 도울 수 있다고 믿는 학교를 선택한다는 것을 뜻한다. 우리가 권장하는 간략한 강점 기반 평가서에 대해서는 5장의 111쪽을 참조하여 자녀의 답변을 학교와 공유하라. 강점 기반 평가는 자녀의 '기록' 한 부분임을 확인하여 아이와 접촉하는 사람들이 기본적인 이해를 갖출 수 있도록 하라. 학교를 선택할 수 없어도(재정이나 지리적인 이유로), 아이의 강점 리스트를 공유하는 것은 아이에게 필요한 것을 지지해 주기 위한 전략적 방법이며, 아직 무슨 일이 일어날지 알지 못하는 학교나 선생님과 긍정적으로 이야기를 나눌 기반이 될 것이다.

학교에서 찾아야 하는 것이나, 학교에 요청할 것은 또 있다. 우리의 체크 리스트는 135쪽 '최상의 학습 환경'을 참조하면 된다. 거듭 말하지만, 학교 관리자와 직원들에게 자녀를 자극할 필요성을 거듭거듭 강조해야 한다. 그래야 아이가 자리에서 일어나 돌아다닐 기회를 제공하고, 아이의 관심사에 맞게 교육 과정의 일부를 조정할 수 있다.

성인이라면, 당신은 직장에서 긍정적이고 당신을 이해하며, 당신의 재능에 감사하는 사람들로 둘러싸여 있을 수도 있다. 그렇다면, 바랄 나위가 전혀 없다! 그러나 '최상의 작업 환경'을 만드는 목록(136쪽)이 당신의 일상적인 경험과 다르다면, 당신이 좀 더 나은 직장을 찾을 때인지도 모른다.

우리는 이것이 어려운 일이라는 것을 알고 있다. 경기 침체기, 특히 이 글을 쓰고 있는 지금처럼 경기가 안 좋을 때에는 더더욱 어려운 일일 것이다. 그렇다면 환경에 긍정성을 확실하게 도입하기 위해 또 무엇을 할 수 있을까? 매우 신중하게 친구와 업무 파트너를 선택하라!

이를 뒷받침하는 통계는 없지만 실제 사례는 압도적으로 많다. ADHD와 임기응변적 주의력특성^{VAST}의 사람은 열차 사고에 빠지곤 한다. 고통 받는 사람들을 돕고 구하는 것이 매우 자극적이기 때문이다. 우리의 조언은 이렇다. 자극을 주기도 하는 안정적인 사람에게 빠지도록 해라. 그런 사람은 실제로 존재한다.

일반 상식으로 권하건대 당신을 실망시키는 사람, 험담을 하는 사람, 냉소적이고 부정적인 사람을 피하라. 당신이 쾌활한 낙관주의자하고만 어울려야 한다는 뜻은 아니다. 우리의 친한 친구 중 몇몇은 뼛속 깊이 비관주의이지만, 그래도 그들은 따뜻함을 자아낸다. 당신이 피해야 할 사람은 당신의 긍정적인 에너지를 빼앗는 사람들이다. 당신이 사람을 떠날 때 무엇을 느끼는지 생각해 보라. 그것이 그 사람과 더 시간을 보낼 가치가 있는지 알려주는 좋은 지표이다.

적절한 도움말을 찾고 받아들이라

적절한 종류의 도움을 찾아내고 요청하라는 것은 우리의 포괄적인 규칙 하나와 사촌지간이다. 혼자서 걱정할 것 없다. 당신이 도저히 감

당할 수 없는 것을 요구받는다면 적절한 장소에서, 적절한 사람들의 도움을 얻으라.

대부분의 사람들은 도움을 청한다고 해서 그 사람이 나약하다고 생각하지 않는다. 예컨대 당신이 초보 부모라면, 당신의 부모나 친구 또는 소아과 의사에게 조언이나 도움을 구하는 것은 부끄러운 일이 아니다. 산후우울증에 도움을 요청하는 것을 꺼리기도 했지만, 산후우울증을 겪는 산모들이 많다는 것이 알려지고, 그 증세를 진단하는 의사들도 많아지면서 그런 거리낌은 사라지고 있다. ADHD 또는 임기응변적 주의력특성^{VAST} 증상에 대한 도움을 구하는 것도 이렇게 되어야 한다. 우리가 환자에게 항상 말하는 것처럼, 버티려고 하지 마세요! 참고 견디려고만 하지 마세요! 힘들게 견디지 말고, 현명하게 대처합시다.

ADHD / 임기응변적 주의력특성^{VAST}에 대한 사회적 제약은 사람을 고통스럽고 쓸모없게 만들기 때문에, 신중하게 적절한 도움을 찾아야 한다.

사회적 코칭

훌륭한 사람들과 사귀는 것은 큰 의미가 있지만, 당신은 당신이 사귀는 사람들을 완전히 통제할 수는 없다. 학교에 다니는 학생이건, 해마다 새로운 집단에 속해야 하는 사람이건, 직장에 다니는 성인이건 상관없이, 당신이 썩 좋아하지도 않는 사람들과 협력해야 할 때, 당신과 함께 하는 사람들과 어울리는 방법을 알면 더 행복하고 성공적인 삶을 개척할 수 있다.

여기서 새로운 연구가 도움이 될 것 같다. 얼마 전까지만 해도 아이들에게(성인에게도) 다른 사람과 사이좋게 지내기를 가르칠 만한 적절한 방법이 없었지만, 지금은 그 방법을 아는 것 같다.

러시아에서 파블로프와 그의 유명한 개부터 시작해, 스키너와 스키너만큼 유명한 쥐와 함께 하버드에 자리 잡은 행동주의 심리학은 자유 의지만이 인간의 행동을 결정한다는 생각에서 우리를 해방시켰다(행동주의 심리학은 행동을 관찰하고 해석하여 심리 현상을 파악할 수 있다고 한다. 특히 상자 속 쥐가 보상에 따라 어떻게 행동하는가 관찰한 스키너의 실험이 유명하다._감수자). 행동주의 심리학에 따르면 어떤 사람이 거슬리거나, 어리석거나, 무례하게 행동한다면 그것은 그들이 일부러 그러려고 하는 것도 아니고, 더 중요한 것은 그들이 계속 그렇게 행동할 운명에 처한 것이 아니라고 한다. 그들의 행동은 수정될 수 있다는 것이다.

행동주의 연구는 오늘날 널리, 그리고 성공적으로 사용되는 치료법을 만들어냈다. 응용행동분석(문제 행동을 유발한 요인을 없애고, 교정된 행동에 대한 보상을 줌으로써 행동을 강화하는 것을 행동치료라 하는데, 좀 더 다양한 방법을 쓰는 경우를 응용행동분석이라 한다._감수자)이다. 자폐증 치료에 자주 사용되는 응용행동분석은 모든 습관 바꾸기에 적용될 수 있다. 즉 새로운 학습 습관 익히기, 새로운 일상의 습관을 개발하고, 유아의 배변 훈련이나 심지어 대규모 조직 관리에도 적용된다. 응용행동분석의 임무는 사람들이 더 나은 삶을 살도록 돕는 기술들을 발전시키는 것이다.

그러나 단지 습관이나 행동을 바꾸는 것이 아니라, 사회적 장면을 읽는 법을 가르치려면 다른 방법으로 접근해야 한다. 이 방법은 사람들이 단순히 행동을 바꾸는 것이 아니라 행동을 이해하는데 도움이 되기 때문에 적절하게 사회적 학습(타인과 접촉할 때 그 타인의 의도와는 관계없이 그 개인의 행동을 모방하여 자기의 행동을 수정하는 학습_감수자)이라고 부른다. 의사는 아동에게 단순히 기술이 아니라 사회적 상황에서 무슨 일이 일어나고 있는지를 아동이 이해하고 이에 따라 알아야 할 것을 배우도록 돕는다.

문장형 수학 문제를 '이해'하지 못해 모둠에 끼지 못하는 아이처럼 당신의 자녀가 다른 아이들과 잘 지내는 법을 모른다고 치자. 그러면 당신은 응용행동분석 훈련 기법을 넘어서, 당신의 자녀에게 다른 사람의 어떤 행동을 모방할지, 어떤 말을 따라서 할지, 어떤 동작을 살펴볼지 알려주는 전문가가 필요하다. '사이좋게 지내기'라고 하는 대단히 복잡한 상호작용을 만들기 위해 거쳐야 하는 여러 단계를 당신의 자녀가 생각하고 잘 느끼도록 도와줄 코치가 필요하다는 말이다. 어떤 아이들은 쉽게 스케이트를 뒤로 탈 수 있다. 하지만 어떤 아이들에게는 스케이트를 뒤로 밀다가 엉덩방아를 찧기만 하는 대략난감한 과제가 될 수 있다. 그러나 양쪽 모두, 학습이 가능한 단계로 나눌 수 있는 요령이 있다. 당신은 요령을 갖고 태어날 필요는 없다. 당신은 그것을 귀납적-따로 암기하거나 특정 조건에 길들여지는 방식이 아니라-으로 배울 수 있다. 이것은 사회적 학습과 행동주의적 훈련을 구별하는 중대한 발견이다.

응용행동분석을 하는 그룹과 사회적 학습을 하는 그룹은 서로 어느 쪽이 옳은지에 대해 논쟁하는 것은 불필요하다. 각 그룹에는, 각각의 장점이 있다. 흡연이나 과식을 끊고 싶은 경우 또는 다른 습관을 깨고 싶다면 응용행동분석 전문가와 상담하라. 하지만 내가 남들과 잘 지내는 법을 배우고 싶다면 사회적 학습 코치라고 하는 사회적 학습 전문가를 찾으라. 정말 훌륭한 코치 중 한 명인 캐롤라인 맥과이어가 쓴 훌륭한 책을 권하고 싶다. 《왜 아무도 나와 놀지 않을까?(Why Will No One Play with Me?)》이다.

대부분의 경우 응용행동분석을 통해 행동을 바꾸는 것만으로도 충분하다. 하지만 아이를 돕기 위해 인지적으로 정서적으로 아이의 상황을 더 깊이 이해할 필요가 있다. 사회적 상황에서 아이들이 어떤 상태에 놓여 있는지 사회적 관계를 어떻게 맺고 있는지, 아이의 선택지가 무엇인지 이해하고, 아이 스스로 무얼 하고 싶은지 결정하는 것을 돕고 싶을 것이다. 특정화된 조건에서 반사적인 행동이 아니라, 무엇을 하고 싶은지 스스로 결정하는 방법을 익히게 되면, 진정한 성장이 이루어진다. 응용행동분석은 표피적이다:사회적 학습은 깊숙이 관여한다. 응용행동분석은 이러거나 저러거나 간에 로봇과 비슷하다:사회적 학습은 사회적 상황을 이해하고 자신의 욕구나 가치관에 따라 대응하는데 도움이 된다. 응용행동분석은 기계적으로 접근한다:사회적 학습은 유연하고 인간적이다. 사회적 상황을 이해하는 방법과 그것을 다루는 다양한 방법을 아이들에게 가르쳐 줌으로써, 당신은 아이들에게 사회적 관계를 맺는 방법 뿐 아니라 사회적 관계를 맺는 것을 즐기도록 이끌어 줄 수 있다. 아이들은 상호작용이 단지 남의 동작을 모방하는 것이 아니라 즐거운 것이라는 깨닫게 될 것이다.

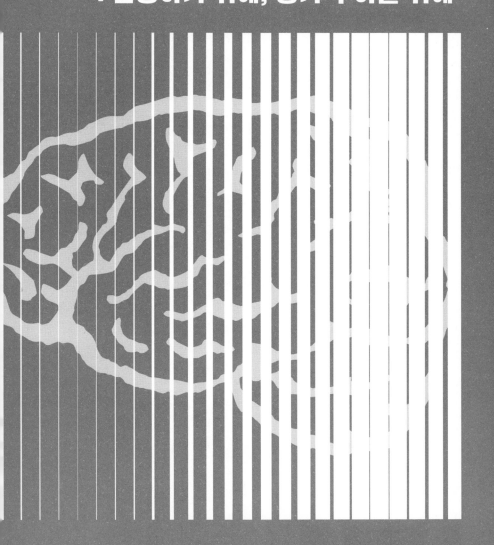

7장

운동을 하라
: 집중하기 위해, 동기 부여를 위해

제출해야 할 중요한 논문이나 프레젠테이션을 앞두고 있는가? 중요한 시험을 앞두고 공부를 하고 있는가? 여기, 꿀팁이 있다. 동네를 한 바퀴 뛰거나, 집의 계단을 오르내리거나 아무 거나 좋으니 몸을 움직이라. 훨씬 더 일에 집중하고 차분하게 준비할 수 있다는 것을 알게 될 것이다. 더 좋으려면, 규칙적으로 몸을 움직이는 시간을 만들고, 할 수 있는 한 최고로 일하기 위해 필요한 약물이라 생각해 보라.

정상 궤도에 오르고, 그 궤도를 유지하기 위해 운동은 우리가 가진 가장 강력한 비의료 도구 중 하나이며 중요한 제1방어선이다. 심장 전문의를 행복하게 하거나 수영복 차림으로 멋진 몸매를 뽐내기 위해서가 아니라 사람의 다른 어떤 활동보다 운동을 함으로써, 뇌가 확장되고 학습하고 변화할 준비를 한다는 점이 운동의 가장 매력적이고 유익한 효과 중 하나일 것이다. 운동을 하면 기분이 좋아지고 동기가 부여되며, 불안은 줄어들고, 감정이 평온해지며, 집중력이 오래 유지된다.

우울증부터 불안, ADHD 및 임기응변적 주의력특성^{VAST} 증상까지 운동은 의사가 처방해야 한다.

백문이 불여일견

1980년대 초반 우리가 데이비드라고 부르는 환자가 레이티 박사에게 왔다.

뉴잉글랜드의 유명 대학 교수인 데이비드는 직장에서 활발하게 활동하며 성공을 거두고 있었다. 그는 많은 책을 쓰고 수십 편의 논문을 발표했으며, 전 세계를 다니며 자주 강연을 했다. 그는 평생 달리기 선수였고 특히 마라톤을 즐겼다. 하지만 레이티 박사를 만나기 몇 달 전, 데이비드는 무릎을 삐끗했고, 훈련과 경기를 그만 두게 되었다. 그는 뛰지 못하고 천천히 걸어야 했고 그나마 그것도 아주 조심스럽게 걸어야 했다.

데이비드는 부상으로 인해 우울증을 짧게 앓았지만 곧 여기서 벗어났다. 치료를 위해 일평생 지속된 활동을 끊어야 해서 우울했겠지만, 그는 새로운 문제에 직면했다. 데이비드는 자기 일에 집중하지 못했고 생활은 엉망이 되었다. 전에는 고기능 멀티태스킹 교수였던 데이비드는 모든 일을 뒤로 미루고, 전화도 받지 않고, 말도 안 되는 이유로 오랜 여자 친구에게 벌컥벌컥 화를 내고, 친구도 만나지 않고, 수많은 프로젝트가 중단될 처지였다. 그는 글을 쓰는 것도 읽는 것도 시작할 수 없었고, 시작을 해도 진득하게 책상에 붙어 있지 못했으며, 약속을 까먹고, 그답지 않게 체계적으로 일을 하지 못했다. 그의 일상 생활과 환경의 변화가 그의 잠재된 ADHD를 드러낸 것 같았다. 달리기는 평생에 걸친 (ADHD에 대한) 대응 기제였던 셈이다.

데이비드는 그의 하강곡선을 되돌리기를 염원했고-더도 말고 덜도 말고 딱 이전의 자신처럼-, 아직은 연고를 바르고 달리기를 할 수 없었기 때문에 레이티 박사는 리탈린(메틸페니데이트 성분의 약품_감수자)을 처방했다. 그것은 금방 긍정적인 효과를 냈다. 약을 복용하고 6개월쯤 되자 일을 시작하고 끝내는 능력이 돌아왔고, 감정을 잘 조절하게 되어 인간관계를 잘 풀어나가게 되었다.

데이비드의 무릎이 다 나아 마침내 달리기를 하는 일상으로 돌아 갔을 때 그와 레이티 박사는 리탈린을 서서히 줄이기로 했고, 약을 줄여도 데이비드가 하는 일에는 별 지장을 주지 않았다. 향후 수년간 데이비드는 때때로 소량의 리탈린을 복용해 집중력을 높였지만, 다시 달리는 것 그 자체가 데이비드만의 약이었고, 이전까지는 몰랐던 그의 ADHD에 진정으로 효과적인 치료법이었다.

과학

그럼 운동화 끈을 묶고 조깅을 하거나 헬스클럽에 가거나 음악의 볼륨을 올리며 춤을 추거나 하면 정확히 무슨 일이 일어나는 걸까?

심박수를 올리는 것은 장점이 많은데, 아마도 가장 중요한 것의 하나는 뇌 유래 신경 영양 인자라고 하는 단백질의 방출이다. 우리는 이를 뇌의 미라클 그로(비료 회사_옮긴이)라고 생각한다. 왜냐하면 이 단백질은 새로운 뉴런, 커넥터 및 긍정적인 기능적 연결 경로를 성장시키는 비옥한 환경을 만들어 내기 때문이다. 게다가 인간의 어떤 활동보다 운동을 하게 되면, 더 많은 신경 세포가 사용된다. 몸을 움직이면 움직일수록 더 많은 신경 세포들은 서로서로 자극을 주고받으며 발화한다. 발화한 신경 세포들은 더 많은 신경전달물질을 방출하여 하나의 신경 세포에서 다음 신경 세포로 정보를 운반하고 주의 시스템 조절에 주요한 역할을 하는 도파민(각성 계열의 신경전달물질_감수자)과 노르에피네프린(일시적 스트레스 상황을 극복하는 힘을 주는 신경전달물질_감수자)을 증강한다.

　실제로 우리가 ADHD에 처방하는 각성제와 항우울제의 역할은 뇌 속 도파민과 노르에피네프린의 농도를 높이는 것이다. 이들은 각성을 유지하며 집중력과 (행동의) 동기 부여를 높이고 유지하는 데 도움을 준다. 현재 진행 중인 ADHD 연구에서 발견된 것 하나는 ADHD와 관련된 유전자의 차이 중 몇 가지가 도파민과 노르에피네프린 시스템의 결함과 관련되었다고 한다. 그래서 격렬한 운동은 이들 신경전달물질의 결함을 일시적으로 교정하는 자극제를 복용하는 것과 같다는 것이다. ADHD로 과잉행동을 하는 사람이 격한 운동을 하게 되면 일시적으로 교정되면서 신경전달물질 결함이 사라진 것처럼 변하는 상태가 된다. 그래서 우리는 고양된 상태이면서도 차분히 귀 기울이는 존재를 보게 된다.

　운동을 하면 기본상태회로^{DMN}의 투박한 커넥톰이 부드러워져, 전두피질에 접근하는 작업집중회로^{TPN}로 더 쉽고 더 완전하게 이행할 수 있게 된다. 전두피질은 뇌의 CEO임을 잊지 마라. 몸을 움직이면 이 영역이 점화되고 주의 시스템이 켜져 집중력을 유지하고 작업에도 몰두할 수 있게 된다.

　가장 좋은 운동이 무엇이냐고? 운동 효과를 얻기 위해 데이비드처럼 마라톤을 할 필요는 없다. 2018년 스페인의 논문에서는 ADHD를 치료하기 위한 개입으로 12년간 운동을 처방한 다양한 연구를 검토했다. 이 팀은 8개국에서 700명 이상의 사람들을 조사했다. 적당한 강도로 불과 20~30분간 운동을 한 뒤, 실험 참가자들은 반응 속도와 반응의 정확도가 향상되어 더 강력하고 정확하게 집중하게끔 기어를 전환할 수 있었다. 게다가 참가자 65퍼센트가 계획과 조직의 기술이 큰 폭으로 향상되었다. 딱 20~30분 정도 운동을 한 결과라는 것이 놀랍지 않은가.

교실에서의 성공

ADHD를 가진 사람들을 돕기 위해 운동을 권하는 가장 창조적이고 독창적인 방법은 학교와 교사에게서 나오기도 한다. 교사는 대부분의 아이들은 몇 시간씩 가만히 앉아 있을 수 없으며, 어른들도 그렇다고 말한다. ADHD 혹은 학습 장애를 안고 있는 학생들이 학급에 많다면 더욱 그럴 것이다.

캐나다 새스커툰에서 8학년(한국의 중학교 2학년에 해당) 교사인 앨리슨 카메론이 큰 난관에 봉착했다. 앨리슨은 최후의 수단으로 알려진 시티 파크 스쿨에서 근무했다. 이 학교는 지역 내의 다른 학교에 다니지 않는 아이들이 일반 학교로 가기 위해 다니는 학교이다. 이 지역의 많은 사람들은 사회적으로나 행정적으로나 지원을 거의 못 받고 빈곤하게 생활하며, 태아 알코올 증후군(임신 중인 여성이 술을 마셔서 아기에게 신체적, 정신적인 이상이 나타나는 질환. 기관발달문제나 소두증, 혹은 지적발달장애가 유발될 수 있다._감수자)으로 태어나거나, 약물이나 알코올에 중독되고, 학업이나 개인적인 여러 선택도 잘못된 길로 빠지기 일쑤였다. 여기서 앨리슨은 거칠기 이를 데 없는 학생들 중 최고로 거친 학생들을 맡아 행동 관리 프로그램을 운영해야 하는 임무를 맡았다. 앨리슨이 말하듯 "그들은 지역에서 최악의, 험하기 짝이 없는 학생들이라고 알려져 있었어요. 프로그램에 들어오는 학생들은 폭력, 반항, 무례함 등의 기다란 전과 기록을 갖고 있었지요."

하지만 이 젊고 에너지 넘치는 교사가 다루던 것은 학생들의 행실만이 아니었다. 앨리슨의 학생들 중 대다수는 본래 도달해야 할 수준보다 적어도 네 학년 아래 수준으로 읽고 썼으며, 거의 100퍼센트 ADHD로 진단을 받아 약을 처방받고 있었다. 결석을 밥 먹듯이 하고, 학생 대다수가 심각한 주의력 문제로 씨름하느라 무언가를 배우기 위해 충분한 시간에 걸쳐 가만히 앉아 있는 것은 불가능했다.

앨리슨은 이전에 학생들의 행동과 인지 영역 모두를 향상시키는 운동의 힘을 보았다. 그녀는 새로운 학생들에게 이를 적용해 보기로 마음먹었다. "수업 첫날, 저는 우리가 서로 무례하게 굴다가 금방이라도 싸울 것 같은 행동을 개선하기 위해 달리기를 하면 어떻겠냐고 제안했어요. 학생들은 콧방귀도 뀌지 않았어요. 그래서 저는 학생들과 산책을 하기로 했어요. 30분 산책을 나갔지만 어떤 학생에게는 2시간 산책이 되었고, 다른 2명에게는 중독인데 공짜로 중독될 만한 것이 되었지요. 그날 이후, 저는 학생들의 심박수를 높이려면 학교 안에 들여 놓을 것이 있다고 생각했어요."

앨리슨은 머뭇거리지 않고 알고 지내던 체육관 주인을 설득해 몇몇 운동 기구들을 기부 받았다. 금방 교실이 가득 찼다. 러닝 머신 8대, 실내 자전거 6대, 심박수 모니터 14대가 교실에 들어왔다. 그때부터 상황이 달라지기 시작했다. "저는 학생들의 잠재력을 볼 수 있었어요. 그리고 학생의 심박수를 90초 이상 높일 수 있다면, 우리는 모두 더 행복해질 거라는 것을 알고 있었어요."

앨리슨 자신이 직접 운동 기구를 사용함으로써, 프로그램에 거부감을 갖고 있던 학생들을 참여시키는 첫 단추를 꿰게 되었다고 한다. 앨리슨은 학생들에게 러닝 머신이나 자전거를 타던지, 아니면 의자에 앉아 수학 문제를 푸는 것 중에서 선택하라고 했다. 학생들은 당연히 심박수 모니터를 몸에 달았다. "저는 학생들에게 요구하는 것은 여러분의 심박수를 최대 심박수의 65~75퍼센트로 올리는 것뿐이라고 설명했어요. 학생들에게 그건 아주 신기한 일이라 재미 삼아 운동을 시작했어요."

수업 시간은 45분인데, 앨리슨은 먼저 학생들을 일으켜 20분 동안 운동을 한 뒤 앉게 하고 25분간 수업을 했다. 이는 결과적으로 수업 시간이 늘어난 것이었다. 왜냐하면 이전에는 수업 시간 중 30분 동안 학생들의 생활 지도 문제로 시간을 보냈기 때문이다. 이제 학생들은 일어서서 몸을 움직이면서, 주의력 시스템이 켜져 감정을 조절했다. 운동 기구에서 내려왔을 때, 학생들은 차분히 앉아 있게 되었고, 정보를 흡수하고, 자기 자신에 대해 기분이 좋을 뿐 아니라 무언가를 배울 수도 있었다.

"아이들이 담배를 끊고, 살을 뺐고, 굉장히 많은 아이들은 약을 줄이거나 끊기도 했어요. 그리고 저한테 이전보다 얼마나 기분이 확 좋아졌는지 말을 하더라고요. 아이들은 러닝 머신을 타기 위해 매일 학교에 왔어요!"

출석률이 높아져, 2학기에는 아무도 유급당하지 않았다. 거기에 더해, 시험 성적이 급상승했다. "평균적으로 읽기 능력, 일견 어휘(영어에서 전치사 등 단어를 읽을 때 읽는 순간 의미의 파악이 가능하여 의도적으로 뜻을 이해하려고 노력하지 않아 되는 단어_옮긴이), 문장 이해력은 4개월 만에 네 개 학년의 학력을 뛰어 넘었어요!" 이 학생들은 프로그램의 열렬한 지지자가 되었고, 주변 사람들과 가족들에게 성공을 자랑했다.

모든 학교에서 러닝 머신과 실내 자전거를 들여 놓을 수는 없지만, 이러한 성공 사례가 널리 알려져 많은 학교와 교사들이 '뇌의 휴식', 즉 아이들이 책상에서 몸을 일으켜 뛰어다니는 것의 중요성을 인식하게 되었다. 또한 많은 학교 관리자들은 전통적인 방식의 쉬는 시간이 얼마나 중요한지 새삼 깨달았고, 수업 시간 연장이라는 명목으로 쉬는 시간 즉, 학습과 행동 방식을 개선시키는 운동장에서 뛰어 노는 시간을 빼앗으려는 사람들로부터 이 귀중한 시간을 지키려고 노력하고 있다.

타임 인: 새로운 종류의 타임아웃

교실에서 점점 더 많이 적용하는 또 다른 혁신은 종래의 '타임아웃'이다. '타임아웃'은 학생에게 자습실 또는 교장실 밖(또는 학생의 집이나, 학생의 방)에 조용히 앉아 있으라고 하는 것이지만, 새로운 '타임인'은 학생에게 신체 활동을 하라고 한다. 타임 인은 아이가 실내 자전거를 타면서 감정을 조절하는 것만큼이나 쉽다. 어떤 초등학교에서는 학생이 진정될 때까지 미니 트램펄린에 태운다. 다른 학교에서는 학생에게 계단을 오르내리라고 하거나, 또는 아이를 학교 안의 다른 곳으로 심부름을 보내기도 한다.

청소년 사법 제도와 연관된 보스턴의 어떤 학교 학생들은 대부분 ADHD를 앓고 있는 것으로 판명되었다. 이 학교에서는 레이티 박사의 메시지를 마음에 깊이 새기고 있었다. 레이티 박사의《운동화 신은 뇌: 뇌를 젊어지게 하는 놀라운 운동의 비밀!(Spark)》에 크게 감명을 받고, 그들은 '레이티 룸'을 만들었다. 여기에는 DDR기계(Dance Dance Revolution. 음악을 들으며 모니터의 화살표에 따라 발판을 밟는 게임_옮긴이), 미니 트램펄린과 몇몇 운동 기구가 있다. 학생이 버릇없는 행동을 하면, 레이티 룸으로 가야 한다. 레이티 룸에서 땀을 흘리며, 감정이 차분해지고 뇌가 활성화되어 원래대로 돌아가 수업을 할 준비가 된다. 아이들이 이 떠들썩한 공간으로 가려고 일부러 말썽을 부리는 거 아니냐고 생각할 수도 있지만, 현실적으로 아이들은 다른 아이들처럼 친구들과 함께 정상적인 교실에 머무르고 싶어 한다. 레이티 룸으로 가는 것은 그들이 원하는 것이 아니지만, 그곳으로 가는 것은 분명히 장점이 있었다.

이런 종류의 혁신은 미국 반대편에서도 일어나고 있다. UCLA 출신 오카다 다츠오 박사는 ADHD, 자폐증, 기타 (일반인들과) 뇌에 차이가 있는 일본인들을 돕기 위해 운동과 놀이를 활용하는 최전선에 있다. 그 자신이 ADHD가 있었던 오카다 박사는 운동으로 훨씬 개선되었고, 레이티 박사의《운동화 신은 뇌》에 크게 동감했기 때문에 오카다 박사는 2013년 도쿄에 방과 후 '스파크 센터'를 만들어 아이들이 몸을 움직이게 했다. 부모들의 호응과 일본 정부가 긍정적 결과를 인정함에 따라, 오카다 박사는 현재 일본 전역에 18개의 거점을 두고 있으며 더 확대할 계획이다.

환하게 불을 밝힌 센터에 가 보면 아이들이 뛰거나, 웃거나, 꽥꽥 소리를 지르는 것을 볼 수 있다. 언뜻 보면 완전히 난장판이다. 하지만 자세히 보면, 아주 열성적인 성인 트레이너가 장난스럽게 아이들을 쫓아다니며 다양한 장애물 코스를 실행하거나 집중해야만 할 수 있는 작업을 끝내도록 격려하는 것을 알 수 있다. 아이들은 주의력 시스템을 적극적으로 사용하고 있으며, 심박수를 올림으로써 주의력이 더욱 강화되고 있다. 오카다 박사는 이렇게 설명한다. "이 프로그램은 아이의 흥미와 호기심을 자극할 때에, 훨씬 효과적으로 됩니다. 우리는 아이의 주의를 끌고, 흥미를 높여 목적을 가지고 행동하도록 하지요. 아이가 운동과 놀이에 집중하게 되면 감각적 문제나 감정적인 문제가 거의 없어지는 것은 상당히 흥미롭습니다."

물론, 이러한 '일어나서 움직이기' 전략은 모두 집에서도 할 수 있다. 방에서 타임아웃을 걸거나 아이를 조용히 혼자 앉아 있게 벌하는 것이 아니라, 계단을 오르내리거나 동네를 한 바퀴 돌거나, 지하 놀이방에 있는 미니 트램펄린을 뛰게 하거나, 아니면 음악을 켜고 춤을 추게 하면 된다. 오카다 센터에서 하는 게임 중 하나는 집에서도 쉽게 따라 할 수 있다. 아무 숫자나 종이에 써서 방의 벽이나 마당의 나무에 테이프로 붙인다. 그리고 큰 소리로 숫자를 불러 주고, 달려 있는 숫자를 찾아서 갖고 오라고 한다. 숫자 숨바꼭질 같은 놀이이다. 이로 인해 심박수가 오르고 작업집중회로^{TPN}에 불이 들어와, 프로세스 내의 기본상태회로^{DMN}와 작업집중회로^{TPN} 간의 접속이 강화된다.

균형에 대한 질문

할로웰 박사와 새뮤얼의 경험(3장 참조)이 보여주듯, 균형과 (신체의) 협응 훈련은 ADHD 어린이에게 큰 변화를 일으킬 수 있다. 어린이들에게 눈을 감고 한 발로 서 있기, 워블 보드에서 균형 잡기, 저글링 등 다양한 과제를 실행시키는 처방전을 읽으면 이상하게 느낄지 몰라도, 주의력 문제와 관련한 균형과 (신체) 조절 능력 강화에는 분명히 과학적인 근거가 있다. 그리고 너무 어린 나이에 시작하는 것도 아니다. 최근의 한 연구에서는, 고위험(높은 수준의 ADHD 증상이 있는) 미취학 아동 두 그룹을 조사했는데, 한 그룹에 균형 잡기 훈련을 시켰다. 전체 15명이라 적은 수의 표본이었지만, 균형 잡기 훈련을 한 그룹은 훈련을 하지 않은 그룹 대비 주의력과 자제심이 크게 개선되었다.

균형 잡기와 신체 협응을 통합하고 집중력과 규율까지 부수되는 훌륭한 운동 중의 하나는 무술이다. 1990년에 미국에서 가장 거친 아이들을 다루고 있는 학교들의 교사 회의가 열렸다. 레이티 박사는 오늘날 야외 행동 프로그램이라고 부르는 교육 시설의 교사와 카운슬러를 만났다. 이 교육 시설은 행동 장애와 극단적으로 반항적 태도를 보이는 아이들의 행동을 '교정(!)'하는 곳이었다. 놀랍게도(이것은 1990년이었다는 것을 기억하라.), 그는 이런 프로그램의 대부분에 태권도 또는 가라테가 매일의 필수 코스로 있음을 알게 되었다. 멀리서 보면, 심각한 행동 문제가 있는 아이들에게 다른 사람에게 큰 부상을 입힐 수 있는 동작을 가르치는 것은 매우 위험해 보일 수 있다. 그러나 상담 교사가 설명하기를, 뛰어난 사범들이 엄격한 규율에 따라 가르치고 있고, 아이들은 다음 단계로 올라가기 위해 주먹 지르기, 발차기, 무릎 치기를 정확하게 행해야 한다고 했다. 이 훈련은 아이들이 집중을 하게 하고, 자신의 몸을 조절하고 그리고 자기의 감정을 억누르게끔 했다. 이런 훈련은 몸을 쓰는 무술과 결합해, 아이들의 신경망도 강화하는 것처럼 보였다. 그 결과, 그들의 파괴적이고 위험한 행동은 줄어들었고, 성적이 올라갔으며, 전반적으로 행복하다는 느낌이 늘었다. 이 초기 결과는 ADHD 치료에 무술 훈련을 추가한 최근의 연구에서 나타나는 것과 일치한다. 어린이와 성인 모두에게 실제 지속적인 개선 효과를 보였다. 물론 적절한 강사를 찾는 것은 중요하지만, 다행히 도장에서 무술을 가르치는 사람들은 ADHD가 있는 사람에게 무술이 얼마나 도움이 되는지를 잘 알고 있다. 주의력 문제가 있는 아이들을 가르치는 전문가들은 상당히 많다.

요가와 명상

조금이라도 요가를 해 본 사람이라면 누구나 알다시피, 나무 자세나 전사 자세 등 요가의 모든 동작들은 균형 감각을 키우고, 또한 집중력도 높인다. 요가에서는 몸과 호흡에 주목하고, 자세에 맞추어 섬세하게 특정 부분의 근육을 조절해야 한다. 요가 수행에 따라 심박수를 올리면, 집중력과 학습 능력이 올라간다.

대만의 최근 연구에서는 요가를 한 10세 아동 49명에게 나타난 결과를 조사했다. 이 아이들 중 약 절반은 1주일에 2회씩 8주 동안 요가를 했고, 나머지 절반의 대조군은 하지 않았다. 이 두 그룹은 요가 실시 8주 기간 전과 후에 2가지 주의력 테스트를 받았다. 테스트 중 하나는 결정 테스트라고 하는데, 지속적이지만 급속히 변화하는 음향 및 빛 자극을 받을 때 반응 속도, 주의력 결여 및 반응적 스트레스 내성을 평가한다. 또 다른 테스트인 시선 추적 검사는 '아이트래커'라는 안경 비슷한 장비를 착용하고 움직이는 물체를 바라보는 눈동자 움직임을 따라가면서 선택적 주의력과 지속주의력 등을 평가한다. 양쪽 테스트에서 정확도과 반응 시간의 유의미한 개선은 요가를 한 아이들 그룹에서만 관찰되었다.

분명 요가만큼 산소가 필요한 것은 아니지만, 명상은 강력한 결과를 보여주며 뇌에 거추장스러운 기본상태회로^{DMN}와 씨름할 때 특히 도움이 된다. 기본상태회로^{DMN}는 우리가 무한 반복되는 자기 파괴적인 반추에 빠지는 영역, 또는 이 생각에서 저 생각으로 방황하고 배회하는-명상 커뮤니티에서 '(산만한) 원숭이 정신'이라고 부르는- 영역임을 잊지 말라. 예일 대학의 최근 연구에서, 마음챙김 명상은 기본상태회로^{DMN}가 파괴적 영향력을 높이려고 할 때 그 활동을 뚜렷하게 감소시킴을 보고하고 있다.

정기적인 명상을 통해 실제로 뇌의 구조를 바꿀 수 있다. 2011년의 하버드대학교의 연구에 의하면, 마음챙김 명상으로 스트레스 줄이기 작업을 불과 8주간 실시한 것만으로, 해마의 피질 두께가 증가했다. 해마는 우리의 학습, 기억 및 감정적 조절을 감독하는 뇌의 중요한 영역이며 다양한 주의 자극 특성을 가지고 있는 우리가 강화해야 할 굉장히 중요한 영역이다.

명상에서 중요한 것은 호흡에 집중하는 것이다. 호흡 카운트나 다른 기법을 통해 호흡을 인식하려면 한 곳에 집중을 해야 하고, 이것은 자연스럽게 당신의 작업집중회로[TPN]로 연결될 것이다. 당신의 마음이 방황하기 시작하면, 마음이 고요해질 때까지 호흡에 거듭거듭 집중하는 것이 목표이다. 지금 우리 주변에는 혼자서 명상을 할 수 있도록 도와주는 앱이 넘치고 있다.

또, '하 호흡법'으로 알려진 방법도 권할 만하다. 단순하지만 어느 정도의 집중력이 필요하다. 일단 셋이나 넷까지 세면서 코로 숨을 들이쉰다. 그 다음, 여섯이나 여덟까지 세면서 입으로 숨을 내쉬는데, 이 때 부드럽게 하아아아아아아아 소리를 내면서 내쉰다. 숨을 들이쉬기 / 내쉬기 시간은 항상 1:2 비율을 지킨다. 명상을 할 때 이런 의식적인 호흡법을 쓰면, 불필요한 생각의 반추를 중단하고, 즉시 주의력을 높일 수 있다.

동기 부여

어떤 사람들은 아침 운동을 해야 한다는 동기를 부여하기 위해 매일 밤 운동복을 펼쳐 놓는다. 다른 사람들은 자신에게 보상-자신의 목표를 위해 운동을 계속하도록 하는 일종의 당근-을 약속한다. 그러나 운동을 계속하도록 동기 부여를 확실하게 만드는 방법이 있다. 바로 운동을 마친 뒤 기분이 좋아지는 것을 상상하거나 기억하는 것이다.

미시간 대학의 미셸 시거 박사가 이끄는 최근의 연구에서는 성인이 (1년 이상)장기적으로 운동하는 것에 대한 가장 이상적인 동기는 스트레스 경감과 행복감임이 나타났다. 바꾸어 말하면 곧 있을 동창회 때문에 살을 빼거나, 당신이 직접 눈으로 확인한 새롭고 쓸모 있는 기기를 사서 자신에게 보상을 하는 등의 외부적 목표가 아니라는 것이다. 대신에 운동을 하면서 몸을 움직이는 것이 얼마나 자신을 기분 좋게 만드는지 기억하라는 것이다.

운동, 집중력, 동기를 한꺼번에 말할 때 우리는 루시라는 아이의 경우를 들고 싶다. 루시는 매우 명민했지만, ADHD 때문에 수학을 무척 어려워했다. 그녀는 쉽게 짜증을 냈다. 분수, 소수, 곱셈은 다른 과목만큼 쉽지가 않았다. 루시는 참을성이 없어서 차분히 앉아서 수학 문제를 풀 수도, 머리를 감싸고 끙끙거리며 문제를 이해하려고도 할 수 없었다. 수학 숙제를 할 때마다 욕을 내뱉었다.

레이티 박사는 루시가 수학 공부를 하기 전에 5분 동안 있는 힘껏 줄넘기를 해 보자고 제안했다. 짜잔! 불안이 줄고 뇌에 불이 들어와서, 루시는 더 이상 수학 문제를 두려워하지 않게 되었다. 몇 년 후 루시는 이 효과를 확신하며, 대학과 간호학교에서도 줄넘기를 계속했다. 유기 화학, 물리학, 또는 해부학 실습실에서 쩔쩔매거나 좌절감을 느낄 때, 루시는 줄넘기를 했다. 줄넘기는 루시에게 '조건부 동기 부여자'가 되었다. 루시는 줄넘기를 하면 그 즉시 스트레스를 줄이고, 기분을 좋게 하고, 뇌를 제 궤도에 되돌릴 것을 알고 있었다.

몸을 움직여라

ADHD와 임기응변적 주의력특성^{VAST}의 문제를 해결하기 위한 적절한 양의 운동 또는 최적의 목표 심박수를 위한 완벽한 공식은 없다. 변수가 너무 많다. 그렇다 해도 매일 적어도 20분간, 뭐라도 좋으니 몸을 움직일 것을 추천한다. 그저 즐겁고 재미있으며, 다시 하고 싶은 신체 활동을 하면 된다. 그리고 그 주 동안에, 다른 신체 활동을 할 게 무엇이 있는지 생각해 보라. 다양한 활동이 뇌의 여러 부분을 자극한다. 게다가 ADHD를 앓고 있는 우리에게 지루함은 우리의 주적이기 때문에, 반드시 새로운 활동이 있어야 한다. 다음 목록의 활동들을 조합해 실행하면 좋을 것 같다.

- 유산소 운동. 최소 20분간 유산소 운동을 하면 최대 심박수의 70퍼센트까지 올라갈 것이다.
- 균형 잡기 훈련. 소뇌와 코어 근육을 강화한다. 요가를 하거나 보수 볼(균형 잡기 운동을 하는 반구 형태의 공_옮긴이) 사용도 좋은 선택이다.
- 집중적인 피트니스를 하면, 심박수를 올리면서 정신을 바짝 차리게 해 준다. 줌바 댄스나 다른 댄스 프로그램, 라켓 경기나 팀 스포츠, 태권도 등의 무술도 아주 좋다.
- 전반적인 건강과 피트니스를 위해, 근력 훈련도 필요하다. 근력 훈련은 여기 있는 다양한 활동에 자연스럽게 녹아들어 있다.
- 보너스 점수를 받고 싶은가? 될 수 있는 대로 자연이 있는 야외

에서 운동 거리를 마련해 두라.

이 모든 운동을 하면서 다른 사람이 운동하게끔 책임을 지거나, 다른 누군가와 정기적으로 함께 하는 것은 정말 도움이 된다. 저녁 식사 후 배우자, 친구 또는 증상에 시달리는 자녀와 함께 걸으면 친해지는 시간이 보너스로 추가된다. 그리고 물론 한 명 또는 여러 친구들과 사이좋게 지내면 한층 더 재미가 있다.

8장

강력하지만 두려운 도구, 약

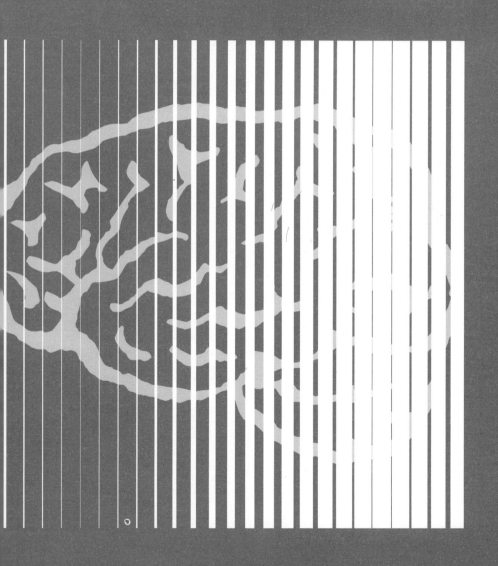

우리가 환자나 그 부모에게 가장 많이 받는 질문은 "선생님은 리탈린을 믿으십니까?"이다. 우리는 환자들이 실제로 묻고 있는 건 우리가 ADHD를 치료하려면 약을 처방해야 한다고 믿냐는 거지만, 때로는 문자 그대로 답하고 싶기도 하다. "리탈린은 종교적인 원칙이 아닙니다." 왜 당신이 그렇게 믿게 되었는지는 모르겠지만 우리 중 누구도 악마 즉 거대 제약사의 대리인이 아니다.* 여러 가지 ADHD 처방약은 뜨거운 논란의 영역에 진입했다가 바로 그 논란 때문에 사라져 버렸다. 우리는 그 이유를 다시 말해보고자 한다.

귀중한 도구

장기적인 관점에서 사용할 수 있는 기술 혹은 대처 방법을 구축하고, 적절한 학교와 적절한 직업 찾기, 적절한 교사나 멘토 혹은 동료를 발견하기, 사람들과 어울려 여러 가지 활동을 하고 궁극적으로 중요한 것에 연결되는 삶이야말로 우리가 추구하는 것이지만, 단기적으로는 약물만큼 도움이 되는 것이 없다. 사실상, 약을 처방받아 적절하게 복용한다면, 즉각적으로(경우에 따라서는 복용 후 1시간 이내에) 효과를 내고, 현존하는 모든 치료법의 효과적인 작용을 볼 수도 있다. 약물은 우리의 치료 도구 상자에서 매우 귀중한 도구이다.

약을 처방할지 말지, 약을 복용할지 말지는 각자의 신앙이나 인터넷에 떠도는 정보, 속이 불편한지 아닌지의 감각이 아니라 경험적 연

---

* 우리 두 사람 모두 제약 회사에서 지원금을 전혀 받지 않았다.

구를 바탕으로 결정해야 한다. 물론, 당신이 원하는 것뿐만 아니라, 당신이 볼 수 있는 명확한 근거를 바탕으로 결정을 내려야 한다. 이를 위해 우리 두 사람 모두 ADHD 환자를 돕기 위해 약을 처방할 때, 과학적으로 수행한다. 즉 신중하게 실시된 무작위 비교 실험 결과, 약물의 효용을 의심할 바 없이 확신할 수 있다는 결론에 도달했을 때 처방한다. 2018년 영국 사우샘프턴 대학의 새뮤얼 코르테스 박사가 발표한 대규모 연구에서는 ADHD에 대한 약물 요법의 효과에 대한 133편의 연구 논문을 무작위로 검토하였다. 그 결과는 ADHD에 대해 투약이 효과적이며, 물론 100퍼센트가 아니라(어떤 약물도 100퍼센트 효용을 보이지 않는다.) 평균적으로 70~80퍼센트 정도 효과를 보인다는 결론에 도달했다.

약물 사용을 비하하거나 약물을 처방한 의사들을 비난하는 사람들은, 우리가 매일 듣거나 전 세계에서 편지를 써서 전하는 인간적으로 비참한 전 연령대 사람들의 고통을 듣지도 보지도 못했을 것이다. 또한 환자의 어머니나 새로 치료를 받은 성인들이 불과 며칠 만에 약물의 효과에 놀라 감격의 눈물을 흘리면서, 몇 년 동안 불필요한 고통을 끝내는 것을 본 적도 없다. 고통을 덜어줄 뿐 아니라 성공, 건강, 기쁨으로 바꿀 수 있는 도구를 쓴다고 비난하는 것은 완전히 무지한 짓이며, 약물 복용을 두려워하는 사람들에게는 잔인한 일이다.

놀랍게도 ADHD 약에 대해 경고하는 사람, 또는 복용을 시작하는 것을 두려워하는 사람의 대부분은 매일매일 커피를 주문하고 레드불 같은 에너지 드링크를 사서 마시면서 카페인 같은 각성제를 통해 무의식적으로 자가 치료를 하고 있을 가능성이 있다. 처방전 없이 살 수 있는 '약'(각성제의 일종인 아드라피닐, 은행나무 추출물 보조제 등은 인기 있는 '학습 능력 보조제'이다.)은 의사가 처방한 각성제와는 달리 당국에서 통제하지 않는데, 다양한 부작용을 일으킬 수 있으며 긍정적인 효과가 있어도 지속 불가능한 경우가 종종 있다.

약을 먹어야 할 때

강력하고 안전하다는 보장이 있더라도, 아이에게 약을 복용시킬지 혹은 당신 스스로 복용할지 결정하는 것은 가족 모두에게 영향을 미치는 아주 고민스러운 일이다. 약물 복용은 보통 이런 질문으로 이어진다. "우선 약물을 사용하지 않는 치료를 시도한 뒤, 그게 효과가 없으면 약물 치료를 시작하면 안 되나요?" 즉 약물 복용을 시도할 적절한 시기는 언제일까?

3장의 소뇌 자극 기술 내용에서 알 수 있듯이, 우리는 비약물적 치료의 장점을 분명히 알고 있다. 비약물적 치료는 즉각적인 결과를 바로 보거나 느낄 수 없다 하더라도 명확한 장점이 있다. 그러나 약리학적 관점에서 보자면, 이 전략은 '안경을 쓰기 전에 1년 동안 눈을 가늘게 뜨고 지내보자.'는 것이다.

그렇기는 해도, 우리는 환자가 약을 복용하기를 원하지 않는다면, 어느 누구도 또는 당신의 자녀에게 약을 먹으라고 해서는 안 된다고 분명히 생각한다. 사실 어떤 약물이건 환자가 복용을 원할 때 훨씬 효과가 높다. 이는 플라시보 효과에 의한 것이다. 플라시보 효과는 투약에서 수술, 침 치료, 운동, 콘택트렌즈, 당신이 이번에 먹을 식사까지 모든 치료의 효과를 높이는 마음의 능력을 이용하는 실증된 현상이다.

플라시보 효과라고 무시하기 전에, 또는 ADHD 약 복용 여부에 대한 결정을 내리기 전에, 약을 먹으면 당신이 원하는 직무를 얼마나 잘 하게 될지, 또는 원하는 일자리의 면접을 얼마나 잘 볼 수 있을지 생각해 보라. 또는 개, 자동차, 보트, 집 등등 당신이 돌보고 싶은 무엇이라도 얼마나 잘 돌볼 수 있을지 생각해 보라. 정식으로 서빙을 받는 고급 식당의 식사를 고대했다면, 약을 복용한 뒤 그 식사가 얼마나 더 맛있을지 생각해 보라. 당신이 픽한 그 영화는 얼마나 더 재밌을 것인가. 당신이 투표한 대통령 혹은 당신을 고용한 상사를 훨씬 더 좋아할 수도 있다!

뻔한 것을 장황하게 말했지만, 이것은 대부분의 사람들이 간과하고 있는 점이다. 그건 정말 행복하고 성공한 인생의 기본 원칙이다. 우리는 함께 하고 싶은 사람과 함께 있을 때, 하고 싶은 활동을 할 때 훨씬 더 잘 할 수 있다. 억지로 하거나 강요당해서 하면, 훨씬 더 잘 못한다. 최고의 약이라도 당신이 복용을 꺼림칙하게 여긴다면, 그 약은 효과를 제대로 내지 못할 것이다. 그러니 당신 혹은 당신의 자녀가 편안하게 생각할 뿐 아니라 약을 복용하기를 원하게 되면, 약을 복용하라.

약의 효능, 약의 위험

캘리포니아에서 ADHD에 대해 강연을 한 후, 댄이라는 남성이 레이티 박사에게 다가왔다. 댄은 자기의 9살 난 손자, 스티븐이 얼마 전 ADHD 진단을 받았다고 했다. 스티븐은 집에서 자주 폭발했다. 차분히 앉아 저녁 식사를 하거나 집중해서 숙제를 할 수 없었던 것 같다. 스티븐은 유급을 해서 1년 어린 아이들과 같은 학급이라 학생들과 잘 지내지 못했다. 댄은 임상 진단을 신뢰했고 무언가 조치가 필요하다고 생각했다. 그러나 스티븐의 부모가 아이에게 어떤 통제나 제한도 하지 않는 것 같다고 걱정했다. 또 스티븐의 부모는 의사의 투약 권유를 거부하고 있었다. 부모들은 그런 것이 스티븐에게 낙인이 되고, 장애아로 몰아 어떤 식으로든 아이에게 피해를 끼칠까 두려워했다. 댄은 그들에게 무슨 말을 해야 하냐고 물었다.

이 흔한 이야기에서 몇 가지 점이 눈에 띄었다. 우선 레이티 박사가 댄에게 설명했듯, 9살까지는 반드시 통제와 제한을 설정해야 한다. 아동보다 성인은 훨씬 더 쉽게 구조를 짜고 조직할 수 있으며, 코치를 고용하고, 문제를 인식해 치료사와 상담을 할 수 있다. ADHD를 앓고 있는 아이들은 부모의 도움을 받아 경계선이 있음을 배워야 한다. 또, 레이티 박사는 스티븐의 증상과 행동을 감안할 때, 밖으로 나가 놀고 운동하는 것이 훨씬 더 중요하다고 설명했다. 그는 또, 수면, 식사 및 전자기기 사용 등의 시간에 좋은 습관을 익히는 것이 스티븐에게 필수 불가결 한 것이라고 설명했다.

가장 중요한 것은 약을 먹을지 말지인데, 이에 대해 레이티 박사는 스티븐의 부모가 좋은 점 / 나쁜 점을 대비해서 찬찬히 써 보도록 제안했다. 일상적인 대화를 통해서건, 정식으로 좋은 점 / 나쁜 점 차트를 작성하건 간에, ADHD가 스티븐의 삶에 학습적으로, 사회적으로, 감정적으로 어떤 영향을 미치는지를 고려해야 했다. 스티븐은 자기 이미지를 실패자로 규정할 위험이 있는가? 어쩌면 이미 그러고 있는가? 브레이크를 밟지 못한 것이 스티븐의 사회화와 친구를 사귀는 노력에 영향을 미쳤을까? 추락을 거듭하고 있는 학습 궤도를 빠르게 되돌릴 다른 방법이 있는가?

독자적으로 좋은 점 / 나쁜 점을 분석할 때는 다음의 세 가지 중요한 질문에 대답할 것을 권한다.

1. 나는 의료 제공자와 상담하는 것 외에 신뢰할 수 있는 정보 출처로부터 이 장애에 대해 가능한 한 많은 것을 배웠는가?
2. 나는 비약물 치료로 할 수 있는 모든 것을 하고 있는가?
3. 이 장애는 내 인생이나 사랑하는 사람의 인생에 어느 정도 악영향을 미치는가?

선택지를 검토하기

이 질문에 대한 대답이 당신 자신 또는 당신의 자녀가 약을 복용하는 길로 간다는 것이 납득된다면, 당신은 약물의 선택지를 이해해야 한다. 우리가 처음 의료 현장에 투입되었을 때, 선택의 폭은 한정되어 있었다. 지금은 선택지가 훨씬 넓어졌다. 각성제, 유사 각성제, 그리고 우리가 아웃라이어 약이라고 부르는 -다른 약이 장시간 작용하는 것을 포함한다.- 것 등등 다양한 선택지가 있다.

ADHD 약물에 대해 중요하게 기억할 것은 누구에게나 보편적으로 적용되는 방식은 없다는 것이다. 유타 대학 의학부의 교수인 폴 웬더-우리는 그를 생물학적 정신 의학의 아버지라고 여긴다.-의 조언은 이렇다. "특정 약은, 특정 사람들에게, 특정 용량으로, 특정 시간 동안 효과가 있다."

정말 중요한 것은 의료 제공자가 당신에게 제대로 효과를 내는 처방을 알게 될 때까지, 끈기 있게 기다리는 것이다. 적절한 처방을 내리기까지 여러 가지 약으로 여러 가지 시도를 할 필요가 있으며, 우리 두 저자가 우리의 환자들에게 하듯 다른 시간에 다른 약을 먹도록 하는 방법도 쓸 수 있다. 의사들은 부작용, 약물의 지속 시간 및 효과의 피크, 긍정적/부정적 영향의 변화를 주의 깊게 살펴볼 것이다. 의사가 당신 혹은 당신의 자녀에 대해 많이 알게 되면 될수록, 효과적인 치료 계획을 세울 수 있을 것이다.

각성제

각성제는 ADHD 약으로 선택되고 있다. 각성제는 부작용은 가장 적고 효과는 가장 뛰어난 것으로 나타났다. 위에서 언급한 70~80퍼센트의 유효율은 주로 각성제 범주의 약물 사용과 연구 덕분이다. 대부분의 다른 처방약과 마찬가지로, 각성제에 중독되거나 남용에 대해서는 우려가 있기는 하다. 이러한 우려에 대해서는 아래에서 간단히 설명하겠다.

각성제의 범주는 크게 2가지로 분류할 수 있다. 메틸페니데이트 계열, 암페타민 계열(한국에서는 암페타민 계열 약물의 수입 및 유통이 엄격히 금지되어 있다._감수자)이다.

이미 지나치게 각성된 듯한 뇌에 각성제를 투여하는 것은 언뜻 보면 이해가 안 갈 수도 있다. 그러나 각성제는 ADHD 뇌에서 비정상 수치인 2가지 신경전달물질인 도파민과 에피네프린의 수치를 증가시킨다! 각성제는 뇌의 브레이크를 자극해, 더 많이 제어할 수 있게 해준다.

도파민이 증가하면 우리의 신경 세포는 정보를 좀 더 '깨끗하게' 전달할 수 있다. 즉 노이즈를 줄이고 수다쟁이를 조용하게 만들며, 뇌를 올바른 채널에 맞출 수 있게 된다. 신호가 명확하지 않을 경우 혼란과 불안에 빠지기 쉽다.

도파민도 우리의 동기 부여를 높인다. 2020년 브라운 대학의 심리학자 앤드루 웨스트브룩 등의 연구에서는, 메틸페니데이트 계통의 각성제를 복용하는 많은 사람에게서 나타나는 결과를 보고했다. 연구에 따르면 동기 부여와 관련된 미상핵(뇌의 깊숙한 부분에 있다.)에서 사용 가능한 도파민이 증가하고 이에 따라 (연구에서 실질적으로 측정된 문제인데) 어려운 문제를 해결하고자 하는 욕구가 높아진다고 보고되었다. 메틸페니데이트를 복용하지 않았던 사람들은 더 쉬운 일을 선택했다.

도파민을 증가시키는 비약물적인 방법도 있다. 운동을 하거나 집중적으로 창의성을 발휘하거나 다른 사람들과 연결되거나 더 높은 목표에 마음을 두는 등 건강한 방법도 있고, 탄수화물을 폭식하는 비생산적인 방법도 있다. 알코올, 코카인, 대마초, 신경 안정제에 빠지거나, 또는 도박, 쇼핑, 섹스 혹은 일중독 등 강박적 활동에 빠지거나 등의 방법도 있다. 도파민을 적절하게 분출시키지 못한다면 중독으로 이어지지만, 적절하게 분출하는 것은 성공과 기쁨으로 이어진다.

노르에피네프린이 늘어나면, 흥분이 높아져 더 각성하게 된다. 이로 인해 환경에서 정보를 받아들이는 능력이 향상되고, 우리의 감각들은 좀 더 조화롭게 된다. '분위기 파악'을 훨씬 더 잘 할 수 있게 되고, 시각적으로도 청각적으로도 좀 더 분명하게 이해할 수 있게 된다.

도파민과 노르에피네프린 모두 뇌의 CEO라고 불리는 전전두피질이 제어하는 집행기능을 자극한다. 전전두피질에서 중요한 것을 계획하고, 분류하고, 순서를 정하고, 기억을 지원하며, 결과 평가가 이루어진다. 집행기능은 우리가 브레이크를 밟는 데 도움이 된다. 부적절한 반응이나 충동적인 행동을 멈추고 내부적 혹은 외부적 자극에 좀 더 잘 반응하게 된다.

유사 각성제

유사 각성제는 이름처럼 도파민과 노르에피네프린의 수준을 올린다는 점에서 각성제처럼 기능하지만, 각성제와 매우 다른 방법으로 각성 기능을 한다. 웰브트린, 스트라텔라, 노르플라민이라는 상품명으로 판매되는 이 약들은 항우울제로 개발되었는데, 곧바로 ADHD 세계에서 자기 자리를 차지하게 되었다. 각성제보다 장시간 작용하기 때문에 아침, 저녁 모두 사용할 수 있다. 남용 가능성이 없기 때문에 약물 남용의 위험이 있는 사람에게는 좋은 선택이다. 또, 각성제로 인한 부작용을 겪는 사람들에게 시도할 수 있는 대안이다. ADHD 일부에게는(사전에 예측할 수는 없다.) 훌륭하게 기능한다. 그러나 단점은 임상적으로 대부분의 사람들에게 각성제만큼 효과적이지 않다는 것이다. 또한 이들 약물은 작용이 느리고 불면증, 울렁거림, 입마름, 메스꺼움, 두통, 변비 등의 일반적인 부작용과 함께 최고의 효과에 도달하려면 몇 주일이 걸릴 수 있다. 노르플라민 같은 경우는 심부정맥의 부작용도 수반한다.

또 다른 유사 각성제 약물인 모다피닐(상품명 프로비질)은 우리를 각성하게 하고 주의 깊게 만드는 히스타민 회로와 도파민 회로 모두를 자극한다. 원래는 기면증용으로 설계되어 야근 간호사나 파일럿 등의 야간 교대 근무자에게 인기가 있지만, ADHD가 있는 사람에게도 이점이 있다. 8~12시간 동안 매우 부드럽게 효과를 보이며, 부작용이 매우 적다. 그러나 ADHD 사용에 대해서는 FDA 승인을 받지 않았기 때문에 보험 승인을 받기 어려울 수 있으며, 복용 중에 불안과 불면증을 겪는 사람도 있다.

원래 항바이러스제로 1966년에 출시된 아만타딘도 중요한 유사 각성제이다. 처음에는 떨림, 경직, 주의력 저하 등의 파킨슨병 증상을 개선하기 위해 사용되었다. 아만타딘은 도파민 시스템에 영향을 미친다. 도파민의 대체물인 양 약하게 작용하고, 도파민의 실제 농도를 높이는 다른 신경전달물질을 자극한다. 최근 알츠하이머, 두부 외상, ADHD의 주의 결함 치료에 사용되며 몇 가지 긍정적인 효과가 있다. ADHD에 대한 치료제로 아직 FDA 승인을 받지 못했지만, 완전한 승인을 받기 위해 테스트를 하고 있다. 아만타딘의 장점은 부작용이 거의 없고, 최대 24시간 지속될 수 있는 부드러운 효과가 있다는 것이다. 중독성이 없고 규제 물질이 아니다. 즉, 의사 처방 없이 약국에서 구매할 수 있다(그러나 약국에서 구매할 수 있는 횟수는 제한되어 있다._감수자).

아웃라이어

각성제 또는 유사 각성제 범주에 딱 맞지 않은 약이 많이 있다. 이것들을 아웃라이어라고 부른다. 아웃라이어에는 클로니딘과 그 자매약인 구안파신이 포함되어 있다. 이 둘 모두 단독으로 혹은 각성제와 조합하여 매우 유용한 혈압약으로 오래 쓰였다. 주요 효과는 집중력과 주의력을 높이고 흥분, 공격성 및 감정적 과민성을 진정시키는 것이다.

이들 아웃라이어가 점점 중요해지는 이유의 하나는 거절 과민성 불쾌감이라는 새롭게 이해된 장애 때문이다. 이는 자신의 삶에서 중요한 사람들이 자신을 거절하거나 조롱하거나 비판했다는 현실 또는 상상 때문에 야기되는 극단적인 감정적 고통이다. 거절 과민성 불쾌감은, 자기 자신의 높은 기준이나 다른 사람의 기대를 충족시키지 못했다는 결핍감에 의해 일어날 수 있다.

거절이나 거부에 대한 높은 민감도는 종종 ADHD의 일부이다. 1장에서 설명한 것처럼 ADHD인 사람은 일상적인 생활에서 모욕, 무시를 받은 것을 쉽게 잊지 못하며, 무시 받은 결과를 부풀려 생각하는 경향이 있다. 많은 경우 거절 과민성 불쾌감과 ADHD를 가진 사람들은 과도하게 불안해하며, 이러한 감정을 줄이기 위해 무척이나 애를 쓴다. 이로 인해 다른 사람의 신호를 잘못 읽거나, 예상되는 모욕을 피하기 위해 일상적인 생활에서 멀어질 수 있다. 또 거절 과민성 불쾌감의 사람은 상상 속의 위협과 맞서려면 과도하게 감정이 폭발하거나 짜증이 솟구칠 수 있다.

이러한 장애가 얼마나 흔한 장애인지 우리가 이해하는데 도움을 주는 훌륭한 정신과 의사인 윌리엄 도드슨은 이러한 감정에 '이름'이 있다는 것만 알아도 환자는 위로를 받는다고 말한다. 거절 과민성 불쾌감 단독이건 ADHD와 공존하는 거절 과민성 불쾌감이건 상관없이 그 이름은 그들이 혼자가 아님을 깨닫게 해준다. 이름을 붙임으로써 사람들은 그 증상을 순치하려는 시도를 할 수 있게 되고 계속해서 악화일로를 내딛는 절망에서 벗어나게 해준다. 거절 과민성 불쾌감의 영향을 강하게 받는 사람들 중 약 3분의 1은, 클로니딘과 구안파신을 함께 처방을 받자 절망에서 해방되었다고 느낀다. 이 약들은 남용의 위험은 없지만, 환자의 혈압을 현저하게 떨어뜨릴 가능성은 있다. 하지만 약의 복용을 중단할 때는 천천히 진행해야 한다. 그렇지 않으면 혈압과 맥박이 크게 상승할 수도 있다.

우리는 현장에서 40년을 보냈고, 그 시간 동안 ADHD 약은 크게 변화하지 않았지만, 판세를 바꾼 결정적인 것은 '장시간 작용' 각성제였다. 우리의 ADHD 약물은 평균 4시간 동안 작용했다. 지금의 장시간 작용형 약은 최대 12시간 동안 환자가 거의 증상이 없는 상태를 유지하는데 도움이 된다. 2006년의 연구에 따르면 단시간 작용형 약을 복용하고 있는 사람의 40~50퍼센트가 치료에 만족하는 반면, 장시간 작용형 약을 복용하는 사람들은 최대 70퍼센트까지 치료에 만족하고 있다. 게다가 ADHD를 앓는 사람들은 하루에 여러 번 약을 먹는다는 것을 기억하기 어렵기 때문에, 장시간 작용형 각성제가 즉각 표준 치료가 되었다.

중독과 남용

중독자의 80퍼센트가 만 13세에서 23세 사이에 중독되기 시작했으며, ADHD인 사람은 일반인보다 중독이 발병하는 경향이 훨씬 강하다. 그런데 각성제를 복용하면 나중에 중독될 위험이 감소하기 때문에, ADHD 증상이 있는 어린이가 만 13세 이전에 각성제 약을 복용을 할 수도 있다. 물론 의사의 정밀한 진단과 복용 지시에 엄격하게 따라야 한다!

중독과 남용은 ADHD 약 복용을 꺼리는 이유이고, 이런 우려는 당연하다. 실제로 ADHD 약은 고등학생과 대학생이 남용하는 약 중 상위권에 속한다. 그러나 ADHD 치료를 위한 각성제는 주로 ADHD로 진단되지 않은 사람들이 부적절하게 사용하고 있음을 꼭 말하고 싶다. 이들 '신경전형적' 남용자들은 공부를 계속하도록 깨어 있거나,

알코올이나 대마초 등과 섞어 먹고 황홀감을 느낀다는 등 10대들만 생각해 낼 수 있는 이유로 각성제를 사용한다.

ADHD를 앓고 있는 사람이 의도적으로 각성제를 과다 복용하는 것은 흔한 일은 아니다. 장기적인 연구를 통해 볼 때, ADHD 때문에 각성제를 이용해 치료에 성공한 사람은, 일반인보다 물질 중독 사례가 훨씬 적다. 그리고 ADHD를 가지고 있지만 각성제로 치료하지 않은 사람보다도 분명히 중독 사례가 적다.

반대로 ADHD를 앓고 있되 치료를 받지 않는 10대 청소년은 물질에 의존할 가능성이 5~10배 높아진다. 사람들이 최고 용량의 약을 최대한 많이 구하기 위해 정신과 의사를 찾는다는 것은 편견일 뿐이다. 확실히 우리가 겪는 가장 큰 문제 중 하나는 환자가 그 달에 처방받은 총 복용량을 제대로 복용하지 않는다는 것이다. 정말 어려운 일은 환자들이 약을 과다하게 먹지 않도록 하는 것보다 약을 처방한대로 제대로 먹게 하는 것이다. 그러나 각성제 투약을 중단하면 약간의 금단 증세가 일어날 수 있다. 금단 증상은 매일 저녁 발생하며, 깨닫지 못할 정도로 증상이 가벼울 수도 있지만, 피곤함, 불안, 공격성 또는 다른 다양한 증상으로 나타날 수도 있다. 이는 일반적인 부작용 논란으로 이어진다.

부작용

ADHD 약과 관련된 가장 빈번한 부작용 중 몇 가지는 신경과민,

입마름, 수면장애, 두통 및 식욕부진이다. 시간이 지남에 따라 심박수와 혈압이 상승할 가능성이 있기 때문에, 장기적으로 심장에 어떤 영향을 줄지 걱정하는 사람도 있다. 최근의 연구에 따르면 부정적 효과는 거의 없다고 하지만, 약을 복용할 때는 항상 경고가 있다. 그렇기 때문에 처방을 받을 때, 특히 초기 단계에서는 의사가 면밀하게 관찰하는 것이 매우 중요하다.

마지막으로 꼭 할 말은, 처방약으로 ADHD를 치료하는 것에는 행복한 부작용도 있다는 것이다. 적절한 진단과 치료는 ADHD인 사람들을 도울 뿐 아니라 불안 및 / 또는 우울증 등 2차적인 문제를 줄일 수 있다.

약의 선택을 돕기 위한 유전자 검사

암 치료는 환자의 유전자를 연구하고 다양한 형태의 암 생체 지표(질병이나 노화 따위가 진행되는 과정마다 특징적으로 나타나는 생물학적 변화_옮긴이)를 발견하여 환자의 유전자 프로파일을 바탕으로 치료를 계획함으로써 눈부신 결과를 얻었다. 당연한 일이지만, 연구자들은 정신질환이나 정신 의학 분야의 유전자 검사에 눈을 돌리기 시작했다. 실제로 얼마 전까지, 우리와 같은 임상의들은 타액, 혈액, 피부, 심지어 머리카락에서 유래한 환자의 DNA 샘플을 외부 회사에 제공해, 유전자 분석을 받을 수 있었다(이는 미국의 경우이다._감수자).

환자와 임상의들 모두 그런 분석이 어떤 약이나 약물을 사용하면 좋을지 알려주기를 원했다. 그러나 우리가 알고 있는 최고의 전문가들과 논의한 결과, "미래에는 분명히 가능한 일이겠지만, 우리는 아직 그 단계에 도달하지 않았다."는 것이다. 따라서 환자가 고집하지 않는 한 우리는 굳이 환자의 유전자 검사를 통해 약을 선택하지 않는다. 유전자 검사는 분명 해롭지는 않지만 검사 종류, 검사하는 회사, 건강보험 적용 범위에 따라 최대 2,000달러(약 240만 원)의 비용이 들수 있다.

이런 검사를 해도 어떤 약이 가장 효과적인지를 정확하게 알 수는 없다. 이것은, 우리 모두가 바라지만, 우리가 아직 도달하지 못한 단계이다. 그러나 이들 유전자 검사는 특정 약물을 얼마나 신속하게 대사하는지 알려줄 수 있다. 이는 약물을 복용하는데 도움이 되며, 특히 특정 효소가 부족할 경우 재난을 막을 수 있다.

우리는 아주 마음에 드는 회사를 찾았다. 시카고를 거점으로 하는 템퍼스*라는 회사이다. 아내의 암 치료 계획을 세우기 위해 의사들이 이용할 수 있는 유전자 데이터가 너무나 부족하다는 것에 경악을 한 설립자는 2015년에 회사를 세우고, 그 상황을 바꾸기 위해 노력했다.

2018년부터 템퍼스사는 암 검진과 함께 정신 의학 연구를 시작했다. 대부분의 회사는 12~15개의 유전자에 대해 보고하고 처방할 수 있는 약물과 연관시키는 '소규모 유전자 패널 염기서열분석'을 제공한다.

다른 회사와 달리 템퍼스사는 전장 엑솜 염기서열분석을 제공하고 있다. DNA 사슬에는 단백질을 암호화하는 엑손(exon)과, 특정한 산

---

* 할로웰 박사도 레이티 박사도 템퍼스사에서 어떠한 보상도 받지 않았다. 점심 한 끼도 받은 적 없다!

물을 암호화하지 않는 인트론(intron)이 포함되어 있다. 현재 인트론은 단백질 암호화 과정의 관객인 것처럼 보이지만, 자연이 아무런 작용도 하지 않는 관객을 만드는 경우가 드물므로, 어떤 필수적인 기능이 발견될 것으로 보인다. 하지만 우리는 엑손이 아주 중요하다고 확신한다. 엑손이 모여서 엑솜(exome)을 형성한다(사람의 경우 엑솜은 전체 유전체의 2퍼센트 미만이기 때문에 분석해야 할 데이터 수가 적어 경제적으로 연구할 수 있다._감수자).

전장 엑솜 염기서열분석은 중요하다. 왜냐하면 템퍼스사도 수집하는, 환자의 개인 병력과 환자 가족의 병력을 연관지어 전장 엑솜을 편집할 때, 생체 지표는 언뜻 보기에 서로 무관한 데이터가 방대한 영역에 펼쳐진 것처럼 나타날 수 있기 때문이다. 그렇기 때문에 템퍼스사는 전체 영역을 수집하고 분석하고자 한다.

일반적으로 하는 소규모 유전자 패널 염기서열분석이 아니라 전장 엑솜 분석을 통해, 템퍼스사는 새로운 발견의 토대를 마련하고 더 나아가 환자와 의사에게 더 많은 정보를 제공한다.

훨씬 많은 정보를 제공하니까, 비용도 비쌀 것이라고 생각할 것이다. 아니다. 템퍼스사는 분석에 대한 보험 변제를 요청하고 있으며, 환자에게 과도한 경제적 부담을 지우지 않기 위해 강력한 재정 지원 프로그램을 갖추고 있다. 대다수 신청자는 분석을 위해 최대 100달러(12만 원 정도)의 자기 부담금을 지불할 자격을 갖추고 있다. 따라서 개인이 부담하는 최대 비용은 100달러이고, 경우에 따라 한 푼도 들지 않는다.

약

ADHD 치료에 사용되는 약의 종류는 다양하다. 표의 내용은 각 약제에 대한 일반적인 정보이며, 자세한 복용 방식은 반드시 담당의의 지도에 따라야 한다.

ADHD 치료에 사용하는 약제

성분	상품명	제형	특성
메틸페니데이트			
속방형	리탈린(페니드)	5, 10mg 알약	하루 2~3회 나누어 복용.
중간형	메타데이트-CD	10, 20, 30mg 캡슐	약 6~8시간 유지. 캡슐을 통째로 물과 함께 삼켜야 하며, 캡슐 내용물을 부수거나 씹지 않도록 한다.
서방형	콘서타	18, 27mg 캡슐	OROS형태(내장의 수분을 이용하여 삼투압을 조절함으로써 약물을 일정한 속도로 방출하는 시스템. 약물 성분은 체내에 방출되지만, 약의 껍질은 대변으로 배출될 수 있다.) 12시간 지속. 약의 형태상 갈거나 쪼개서 복용하면 안 된다.
선택적 NE 재흡수 억제제			
아토목세틴	스트라테라	10, 18, 25, 40, 60, 80mg 캡슐	마약류에 속하지 않음.
항우울제			
부프로피온	웰부틴 XL	150, 300mg 알약	
이미프라핀		10, 25mg 알약	
노르트립틸린		10, 25mg 알약	
a-2 아드레날린 작용제			
클로니딘	클로니딘 XR	0.1mg 알약	

• 위의 표는 한국에서 ADHD 치료에 쓰는 약제이다.

• 약물 치료는 ADHD 아동 기준으로 약 70~80퍼센트 정도에서 매우 효과가 있다. 여러 가지 약제 중 가장 효과적인 것은 각성제로, 국내에서는 메틸페니데이트 제제가 처방된다. 또한 국내에서 비각성제 계열 약제로 아토목세틴, 클로니딘

등이 이차 혹은 삼차적 선택 약물로 사용된다. 이들 약은 정신건강의학과에서 사용하는 약과 달리 졸림이나 습관성이 없고 매우 안전한 것으로 알려져 있다.

• 약물 치료 시작 전에 약물의 효과와 한계에 대해 반드시 담당의에게 설명을 들은 후 적절한 행동수정 프로그램이나 교육을 받은 후 복용하는 것이 좋다. 메틸페니데이트 제제를 예로 들면 초기에 5mg 정도를 1일 1회 아침 식사 전후에 사용한다. 그 과정에서 1~2주 간격으로 효과가 나타날 때까지 5mg씩 양을 늘린다. 대개 2~4주가 지나면 효과가 나타나는데, 호전되지 않으면 약물을 변경하거나 다시 평가, 진단을 받는다. 약물 투여는 대개 6개월~1년 정도 지속하고, 상태가 호전되면 조심스럽게 약을 4~6주간 중단하고 약물 치료가 다시 필요한지 여부를 재평가한다.

• 각성제를 포함한 약물의 효과, 특히 단기 효과에 대해서는 논란의 여지가 없다. 미국 5개 지역에서 시행된 각 치료 방법의 비교 연구에서도 약물 치료의 효과는 탁월한 것으로 입증되었지만, 14개월간의 추적 기간에 대한 효과이기 때문에 장기간의 약물 효과에 대해서는 아직 단언하기 어렵다.

• 각성제의 부작용은 거의 비슷하고 대개 용량과 관계가 있다. 아동의 경우 약 20퍼센트에서 행동상의 부작용이 관찰된다. 수면각성장애, 식욕부진, 구역질, 복통, 두통, 목마름, 구토, 감정 변화, 자극 민감성, 빈맥, 혈압 변화 등의 부작용이 있지만 대개 수 주일 안에 감소한다. 그 외에 반동 효과로 메틸페니데이트 투여 후 5시간 정도가 지나면 흥분, 과활동, 수면 장애, 속쓰림 등의 부작용이 나타날 수 있다. (감수자)

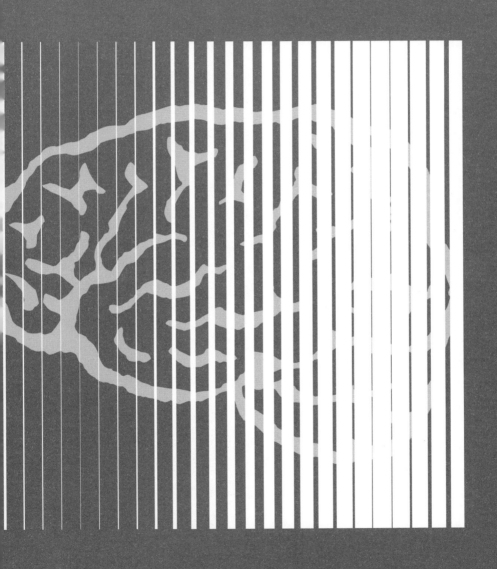

9장

당신만의 느낌을 찾으라

당신이 ADHD, 임기응변적 주의력특성^{VAST}, 자전거 브레이크가 달린 경주 자동차의 뇌 또는 이 축복이자 저주받은 뇌를 뜻하는 어떤 용어로든 지칭되는 증상을 갖고 있다면, 당신은 아마도 책을 처음부터 찬찬히 읽지 않고 이 부분을 펼쳤을 것이다. 괜찮다. 우리 두 사람은 분명히 이해한다. 우리 같은 사람들은 핵심을 찾기 위해 끝으로 건너뛰는 경향이 있다는 것을 안다. 말보다 마차를 앞에 두지 말라는 속담 (일의 순서를 뒤바꾸지 말라는 뜻_옮긴이)이 있지만, 우리 같은 사람들은 말보다 마차를 앞세우는 것을 좋아하지 않는가!

간단히 설명하면 이렇다. 마차에 실린 것은 수많은 사람들의 경험, 그런 일이 일어난 이유에 대한 설명, 때때로 일어나는 끔찍한 저주를 피하면서 우리 같은 사람들이 가진 뇌를 특별한 자산으로 바꿀 수 있는 제안, 과학적 근거 들이다. ADHD와 임기응변적 주의력특성^{VAST}은 그런 일을 마땅히 겪지 않아도 될 사람들에게 너무나 큰 수치심과 고통을 안겨주고 있어, 우리 두 사람은 그러한 수치와 고통을 끝장낼 수 있도록 우리가 알고 있는 것, 할 수 있는 모든 것을 마지막 한 방울까지 동원해 풀어놓았다.

ADHD는 너무나 오랫동안 오해를 받았다. 비극적이라 할 만큼, 끔찍하리만치 심하게 오해를 받았다. 이로 인해 아무 죄도 없는 아이들을 가학적이고 체계적으로 짓밟았으며, 아이들을 스스로 통제하지 못한다고 벌주고, 여러 세대에 걸쳐 성인들의 재능을 낭비해 버렸다. 너무나 긴 세월 동안 우리처럼 ADHD 증상이 있는 사람들을 지진아, 바보, 천치라고 불러도 된다고 생각했다. IQ를 기준으로 한다면, 이런 용어들은 1960년대까지 의학 교과서에 나온 실제 진단 용어였다.

누군들 그 증상을 탈피하고 싶지 않았겠는가?

그런데, 당신은 왜 하필이면 이 책을 집어 들었는가? 무엇을 찾고 있는가? 행복한 결말을 바라는가?

그렇다면 제대로 찾아온 것이다! 우리는 당신에게 행복한 결말을 안겨줄 수 있다. 실은 결말이 아니라 새로운 시작이다. 무엇인가를 새롭게 이해하기 시작하니까 말이다. 결국 세상은 우리 같은 사람들의 문제가 나태하거나, 무례하거나, 방종하기 때문이 아니라는 것을 깨닫고 있다. 그렇다. 우리의 신경 기능은 약간은 그러나 분명하게 '신경전형적' 사람들의 뇌의 기능과 다르다.

우리의 작업집중회로^{TPN}와 우리의 기본상태회로^{DMN} 사이 연결에는 때때로 '작은 문제'가 있다. 그리고 뇌의 다른 영역인 우리의 소뇌는, 자주 균형이 조금씩 무너지므로 균형 잡기를 강화해야 한다. 즉, 과학은 우리가 일부러 문제를 일으키려는 것이 아님을 증명하고 있다. 우리 같은 사람들은 내부에서 정말 문제를 겪고 있다. 또한 다른 사람과 연결되는 것, 자신의 약점이 아니라 장점을 발견하고 그것에 집중하는 것, 우리 주변의 환경에 구조를 갖추고, 운동을 하고, 약을 복용하는 것 모두 '작은 문제들'을 해결하고 무너진 균형을 일으켜 세우는 것에 정말로 정말로 도움이 된다는 것을 우리는 알고 있다.

세상이 주목하기 시작한 것은 이런 증상을 가진 사람들의 창조성, 기업가 정신, 에너지 같은 엄청난 가능성이다. 우리는 ADHD를 가진 사람들의 놀라운 성과를 우리가 치료하고 있는 환자들의 경우에서 매일 보고 있다. 그리고 우리를 보라. 우리 두 사람 모두 ADHD를 가지고 있지만 성공한 저술가 및 임상의가 아닌가!

지금이야말로 우리 모두가 협력해 우리가 알고 있는 것을 적용해, 어린 아이건 성인이건 간에 ADHD를 가진 모든 사람들에게 기회와 창조성, 이해의 문이 열린다는 것을 알릴 때이다. 우리는 이 문을 열 수 있는 열쇠가 어디에 있는지 알리기 위해 이 책을 썼다.

ADHD라는 복잡한 퍼즐에 적절하게 대응하기 위해, 이 책에서는 각 장마다 증상 판단, 전략 또는 치료법을 따로따로 설명했지만, 결국은 당신이 그 조각들을 당신만의 방법으로 조합해야 할 것이다. 당신이 골프를 친다면-물론 골프를 치지 않아도-, 할로웰 박사와 버지니아에서 프로 골퍼로 활동하고 있는 그의 처남 크리스 간의 대화를 들어보라. ADHD를 갖고도 생존할 뿐 아니라 크게 성공할 수 있는 비결이 숨겨져 있다.

> 크리스 (조용히 말한다.): 네드, 너만의 느낌을 찾아. 느낌대로 쳐. 퍼팅에서 중요한 것은 공이 구멍에 들어갈지 말지 신경 쓰지 않는 거야.
> (네드라고 불리는) 할로웰 (믿을 수 없다는 듯 말을 더듬거리며): 뭐라고, 크리스? 공이 구멍에 들어가야지. 어떻게 신경을 안 써.
> 크리스 (요다 같은 현자의 태도로): 자기 자신만의 느낌대로 치는 방법을 익히면 퍼팅이 좋아질 걸.

이것이 이 책의 본질적 내용이다. 우리는 당신이 당신만의 느낌을 느끼고, 그 느낌대로 행하도록 돕고 싶다. 우리는 수많은 사람들이 행복해지는 것을 방해하는 성공 아니면 실패라는 덫에서 당신을 꺼내고 싶다.

누구나가 독자적인 퍼팅 스타일, 멋진 퍼팅을 위한 독자적인 느낌을 갖고 있듯이 우리 한 사람 한 사람이 독자적인 생활 스타일, 행하는 모든 것에 대한 독자적인 느낌을 갖고 있다. 당신의 스타일, 당신의 느낌에 집중하라. 그것은 진정 당신의 것인가, 아니면 다른 누군가를 모방한 것인가? 우리가 하는 거의 모든 것은 부분적으로는 모방이다. 그러나 한 사람 한 사람을 독특하게 만드는 것은 나만의 개성, 나만의 특별한 행동, 나만의 스타일을 만들어내는 것이다. 할로웰 박사는 다섯 살짜리 딸에게 보내는 시에서 이렇게 썼다. '어떤 뇌도 똑같지 않아, 어떤 뇌도 최고가 아니야, 어떤 뇌라도 자기만의 독특한 길을 찾는다네.'

우리는 ADHD를 가진 모든 사람이 사용할 수 있는 최고의 기술을 여러분에게 안내했지만, 그것을 사용하거나 말거나, 혹은 어떻게 사용할 것인지는 개개인마다 자신에게 알맞게 해야 할 것이다. 당신의 느낌을 찾으라. 우리 중 한 사람에게 알맞다고 느낀 것이 반드시 당신에게 알맞다고 할 수는 없다.

골프를 쳐 보지 않은 사람을 소외시킬 위험을 무릅쓰고, 골프를 인생에 비유하여 좀 더 말하고자 한다. 플레이하지 않으면, 완벽한 샷을 치는 느낌을 즐길 수 없다. 이런 뜻이다. 공에 가까이 가서, 자세를 잡고, 스윙을 한다. 스윙을 하면서 엄청난 힘을 섬세하게 균형 잡힌 회전력으로 바꾸어 올록볼록한 악마를 하늘로 날려 버린다. 이 조그만 악마는 곧 맑게 갠 푸른 하늘로(또는 흐린 하늘로) 유성처럼 사라지는 작은 점이 된다.

스윙 동작을 마치면 당신은 공이 가기를 바랐던 대로 간 듯이, 골프 치는 것을 생각할 때마다 바랐던 대로 된 듯이 뿌듯한 마음으로 공을 따라간다. 당신의 마음은 완벽한 샷을 날린 것, 게다가 당신을 방해하던 엔트로피를 역으로 이용해 골프를 정복한 것, 당신의 샷을 실패로 이끌 수 있었던 무수한 요인을 극복하여 너무나도 기쁠 것이다.

이번에는 실수가 없다. 이번에는 당신이 옳았다. 당신이 해냈다! 항상 찾으려 했지만 찾지 못했던 느낌, 일을 엉망으로 만드는 것들과 싸워 이긴 느낌, 당신이 알고 있는 적을 통제하는 느낌은 다음번에 뒤집어질 것이다. 그러나 지금, 바로 지금 이 황금 같은 순간, 당신은 그 적을 우아하고 영광스러운 탄성으로 완전히 굴복시켰다. 잘 했어!

자, 그러니 친구여, 스스로에게 말하시게. 다시 해. 이 말이 얼마나 끊임없이 되풀이될지……. 하지만 다시 해. 다시 하는 것, 그것은 우리 모두가 꿈꾸는 것이지만 단지 몇몇만이 그것을 해낼 뿐이다.

공이 구멍으로 들어가는지 신경 쓰지 않는다는 것이 바로 이것이다. 크리스의 '신경 쓰지 마.' 조언은 뭔가 이상한 듯이 들리지만, 우리는 그것이 적확한, 아주 딱 들어맞는 말임을 알게 되었다. 그건 당신이 뻔뻔하다는 뜻이 아니다. 당신이 결과가 아니라 그 '순간'에 집중하고 있다는 뜻이다.

우리는 당신이 게임을 계속 하며, 순간에 집중하기를 바라며 이제 떠난다. 지나치게 승리를 강조하는 것이 얼마나 어리석고 얄팍한 일인지, 당신을 패배자로 낙인찍는 것이 얼마나 근시안적이고 상상력이 없는 것인지 알기를 바란다. 인생에서 커다란 보상, 인생 최고의 기쁨은 게임 그 자체에 있음을 기억하라. 인생이 무엇인지 이해하려 애

쓰고, 그것을 위해 거듭거듭 새로운 방법을 시도하는 것이지 않을까. 인생을 즐기시라. 그 안에서 고통 받으시라. 당신의 목숨이 달린 듯이 계속 하시라. 왜냐하면 인생은 본디 그러하니까. 느낌을 찾고 느낌대로 끊임없이 행하시라. 멋진 샷을 소중히 여기시라, 어떤 것도 그것을 대체할 수 없으니. 이상하겠지만, 당신의 실수도 그만큼 소중히 여기시라. 실수는 당신이 다시 한 번 시도하도록 만들고, 뜻밖의 선물을 준다. 오래된 격언을 빌려 말하자면, '인간이란 무엇인가? 실수하는 것이 인간이다.'

우리 한 사람 한 사람이 다른 방법을 찾아낼 것이다. 단 하나의 옳은 길은 없다. 어떤 뇌도 최고가 아니며, 우리 한 사람 한 사람 모두 자기 뇌에게 알맞은 특별한 길을 찾기 위한 장엄하고 평생에 걸친 기회를 갖고 있다는 것은 얼마나 우리를 자유롭게 하는가.

책을 쓸 때 내가 가장 좋아하는 부분이다. 사람들에게 감사를 전하는 거, 즉 출판사에서 '감사의 말 꼭지'라고 부르는 거다. 먼저 출판사, 더 구체적으로는 편집자인 마니 코크런에게 감사한다. 마니가 자신의 권한 밖 일을 했다고 말하는 것은 이 책을 만드는데 그녀가 한 역할을 아주 과소평가하는 일이 될 것이다. 원래 원고에는 12만 단어가 있었다. 하지만 당신이 읽고 있는 최종본에는 단어 수가 4만 9000개로 줄었다. 단어를 58퍼센트나 줄이면서 저자를 만족시킬 정도로 성형 수술과 비만 수술을 실행할 수 있는 편집자의 기술을 상상해 보라. 음, 그건 마니가 어떻게든 한 일이다. 친애하는 독자 여러분은 7만 개의 불필요한 말을 줄여준 그녀에게 감사해야 한다.

또 내 책의 거래를 주선해주고 다음 책을 생각할 수 있도록 이끌어준 이에게도 감사의 말을 전해야 한다. 내가 존경하는 에이전트, 제임스 러빈인데 책에 대한 탁월한 직관과 훌륭한 직원들이 있는 회사를 이끄는 다재다능한 사람이다.

   1973년에 의과대학에 가기 전 오래된 보스턴 시립 병원에서 연구를 한 이래, 나를 가르쳐 준 수천 명의 환자에게 감사한다. 나에게 환자는 항상 최고의 교사였다.

   이 책을 쓸 때 조언을 구했던 많은 전문가와 도움을 준 많은 친구들에게 감사한다. 나는 특히 내 가장 친한 친구인 피터 메스 박사에게 감사를 전한다. 피터 메스 박사는 이 책에 나온 거의 모든 아이디어를 생각해 낸 소아정신과 동료이다.

   그리고 1978년에 처음 만난 존 레이티에게 마땅히 감사의 말을 전한다. 매사추세츠의 오래된 정신 건강 센터의 수석 레지던트였던 존은 나에게 엘빈 셈라드를 소개해 주고, 환자들을 받아들였다.

   무엇보다도 그리고 32년의 세월을 함께 보낸 아내 수와 우리의 아이들, 루시, 잭, 터커에게도 감사한다. 그들은 내 인생에 매일 햇빛, 에너지, 그리고 사랑을 더하고 있어 이루 다 감사할 수도 없다.

- 에드워드 (네드) 할로웰

나 역시 이 책을 시작하고 완성하는 데 애쓴 사람들에게 감사의 마음을 전한다. 특히 편집자 마니 코크런에게 진심으로 감사한다. 마니는 책을 지금의 형태로 만들기 위해 우리가 생각을 발전시키고 우리의 에너지를 집중시키는 일에 열정적이고 동시에 엄격하게 임하며 정말 애를 많이 썼다.

또한 나는 내 제자였고, 지금은 스승이자 오랫동안 소중한 친구로 지내온 네드 할로웰에게도 큰 신세를 졌다. 그는 함께 새로운 책을 쓰는 일의 불씨를 지폈고, 그의 생각과 나의 생각을 글로 써서 이 최종 결과물을 마무리했다.

과거 내 멘토인 조지 베일런트, 앨런 홉스, 리처드 새더에게도 감사한다. 그들은 내가 ADHD임에도 불구하고 거리끼지 않고 "해 봐!"라고 격려하고 이끌어 주었다. 그리고 비즈니스 파트너이자 훌륭한 친구인 벤 로페스에게도 감사한다. 그는 내가 평범함을 넘어설 수 있도록 나를 이끌었다. 언제나 그렇듯이, 그들의 삶을 나와 공유하고 많은 것을 가르쳐 주신 환자들에게 갚지 못할 신세를 지고 있다.

마지막으로 아내인 알리시아 울리히에게도 감사를 전한다. 알리시아는 내 원고에 대해 진지하고 솔직한 비판을 해 주며 인터뷰와 생각을 집중하는데 함께 해 주었다. 아내 알리시아, 딸 제시와 캐스린, 그리고 손주 그레이시와 캘럼의 사랑은 내가 하는 모든 것을 가치롭게 만든다.

-존 레이티

《정신질환 진단 및 통계 편람》의 ADHD 정의 및 기준(요약)

ADHD인 사람은 부주의 그리고/또는 과잉행동-기능이나 발달을 방해하는 충동성의 패턴이 지속적으로 나타난다.

1. 부주의함: 16세 이하의 아동은 다음 중 적어도 6개 이상의 증상이, 17세 이상의 청소년이나 성인은 5가지 이상의 증상이 적어도 6개월 이상 지속되어야 하며, 이러한 증상이 발달 수준에 맞지 않아야 한다.

- 학교 수업이나 직장, 혹은 다른 활동을 할 때 세밀하게 주의 집중을 하지 못하거나 부주의하여 실수를 자주한다.
- 과제 또는 놀이를 할 때 지속적인 주의 집중에 자주 어려움을 겪는다.

○ 다른 사람이 앞에서 말할 때 종종 귀 기울여 듣지 않는 것처럼 보인다.

○ 지시에 따라 수행해야 하는 학업이나 집안일 또는 직장에서 해야 할 일을 자주 끝내지 못한다. (예를 들면, 집중력을 잃거나 옆길로 샌다.)

○ 과제나 활동을 체계적으로 하는데 자주 어려움을 겪는다.

○ 공부나 과제와 같이 지속적인 정신적 노력이 필요한 활동을 자주 피하거나 싫어하거나 하지 않으려고 저항한다.

○ 과제나 활동을 하는데 필요한 것들을 자주 잃어버린다. (예, 학교 준비물, 연필, 책, 서류, 지갑, 열쇠, 숙제, 안경, 휴대폰 등)

○ (외부 자극에 의해) 쉽게 산만해진다.

○ 일상적인 일을 자주 잊어버린다.

2. 과잉행동 및 충동성: 16세 이하의 아동은 다음 중 적어도 6개 이상의 증상이, 17세 이상의 청소년이나 성인은 5가지 이상의 증상이 적어도 6개월 이상 지속되어야 한다. 또한 이러한 증상이 발달 수준에 맞지 않고 직접적이고 부적절한 영향을 미쳐야 한다.

○ 가만히 앉아 있지 못하고 손발을 움직이는 등의 행동을 자주 보인다.

○ (수업 시간 또는) 가만히 앉아 있어야 하는 상황에서 자주 일어나 돌아다닌다.

○ 자주 상황에 맞지 않게 과도하게 뛰어다니거나 기어오른다. (청

소년이나 성인은 침착하지 못하다는 느낌을 주는 정도일 수도 있다.)

○ 조용히 하는 놀이나 여가 활동에 참여하는 데 자주 어려움을 겪는다.

○ 자주 말을 너무 많이 한다.

○ 쉬지 않고 움직이거나, 몸에 모터가 달리기라도 한 것처럼 움직이고 행동하는 경우가 자주 있다.

○ 질문이 끝나기도 전에 대답을 불쑥 해버리는 일이 자주 있다.

○ 차례를 기다리는데 애를 먹은 경우가 자주 있다.

덧붙여 다음 조건들을 충족해야 한다.

• 몇 가지의 부주의한 행동이나 과잉행동, 충동성 증상이 12세 이전에 나타났다.

• 몇 가지의 증상을 두 가지 이상의 환경(가정, 학교, 직장, 친구, 친척들과의 관계, 기타 활동 등)에서 볼 수 있다.

• 증상이 사회적, 학업적, 직업적 기능을 방해하거나 그 질을 감소시킨다는 명확한 증거가 있다.

• 증상이 다른 정신장애(기분 장애, 불안 장애, 해리성 장애, 성격 장애 등)으로 더 잘 설명되지 않는다. 이런 증상은 정신분열병이나 기타 정신장애 경과 중에만 발생하는 것은 아니다.

증상의 유형에 따라 세 가지 형태의 ADHD가 생길 수 있다.

- 복합형: 지난 6개월 동안 부주의함과 과잉행동-충동성 진단 기준 모두를 충족시키는 증상을 보였다.
- 주의력결핍 우세형: 지난 6개월 동안 부주의함과 관련된 진단 기준은 충족시켰지만, 과잉행동-충동성 기준은 충족시키지 않았다.
- 과잉행동-충동 우세형: 지난 6개월 동안 과잉행동-충동성 진단 기준은 충족시켰지만, 부주의함과 관련된 진단 기준은 충족시키지 않았다.

증상은 시간에 따라 변할 수 있기 때문에 증상의 발현 양상도 시간에 따라 변할 수 있다.

청소년 및 성인의 ADHD 진단

ADHD는 종종 성인기까지 지속된다. 17세 이상 청소년 및 성인의 ADHD를 진단하는 데 필요한 증상은 아동에게 필요한 6가지가 아닌 5가지뿐이다. 증상은 연령이 높아지면 다르게 보일 수 있다. 예를 들어 성인의 경우 과잉행동은 극단적인 침착함이나 다른 사람과 함께 활동할 때 그들을 지치게 만드는 등의 형태로 나타날 수도 있다.

| 용어 풀이 |

가바 GABA : 포유류 이상의 고등 동물에게만 발견되는 신경전달물질이다. 중추신경계 억제 작용을 하기 때문에 수면 문제 개선이나 과도한 신경 흥분을 가라앉히는 효능이 있다.

각성제 stimulant : 중추신경계를 자극하여 교감신경계를 활성화시키는 약물이다. 심박과 혈압이 상승하고, 인지기능 및 기분이 들뜨는 등 다양한 효과를 낸다. 카페인, 니코틴 등이 대중적으로 널리 알려진 각성제이며, 합성된 각성제 가운데 하나인 메틸페니데이트 성분은 ADHD 치료제로 사용되기도 한다.

강박 사고 obsessions : 어떤 생각이나 장면 혹은 충동이 의지와 무관하게 반복적으로 떠올라 이로 인해 불안을 느끼는 것이다. 강박 사고로 인해 발생한 불안을 없애기 위해 일정한 행위를 하는 것을 강박 행동(compulsions)이라 한다.

기본상태회로 default mode network : 대부분의 사람들이 아무 일도 하지 않을 때 활성화되는 두뇌 부위. 오랫동안 과학자들은 인간이 인지적 활동을 하고 있을 때 두뇌 활동이 평소보다 증가하기만 한다고 생각했다. 그런데 MRI 기기 속에 누운 피험자가 문제 풀이에 몰두할 때 특정 부위의 뇌 활동이 오히려 감소한다는 사실이 발견되었다. 즉 인지 과제를 수행할 때 활성화되지 않은 부위가 쉬고 있을 때는 활성화된다는 것이다. 2001년 이러한 회로를 기본상태회로로 명명하게 되었다.

뉴런 neuron : 우리 몸 곳곳에 퍼져 있는 신경 세포. 신경을 이루는 기본 단위로, 나뭇가지처럼 여러 갈래로 나뉜 돌기가 마구 뻗어 나온 모양이다. 자극을 받아들여 온몸에 전달하고 반응하도록 한다. 핵이 있는 신경세포체, 다른 세포에서 신호를 받는 가지돌기, 다른 세포에 전기 신호를 전달하는 축삭돌기로 이루어져 있다. 돌기 사이에서 화학 신호를 전달하는 부분을 시냅스라고 한다.

도파민 dopamine : 몸의 움직임, 주의집중, 인지력, 의욕, 쾌감, 중독 등에 필수적인 역할을 하는 신경전달물질이다. ADHD의 경우 도파민 분비량이 적어 전두엽 기능 저하를 겪는다. 따라서 ADHD 약물은 도파민 분비량을 늘려 전두엽 기능을 일정 시간 동안 활성화되도록 돕는 기능을 한다.

사회적 학습 social learning : 개인 간의 상호관계를 통해 이루어지는 학습. 타인과 접촉할 때 그 타인의 의도와는 관계없이 그의 행동을 모방하여 자기의 행동을 수정하는 학습 등이 그 예이다.

세로토닌 serotonin : 기분, 불안감, 충동성, 학습, 자아 존중감에 꼭 필요한 신경전달물질이다. 흔히 '뇌의 경찰'이라고 불리며, 뇌 신경계 전반에 걸쳐서 지나치게 활동적이거나 통제를 벗어난 반응을 가라앉히는데 도움이 된다. 세로토닌 분비량이 적은 경우 우울증을 겪게 되며, 행복감 및 자아 존중감이 손상을 입게 된다.

소뇌 cerebellum : 뇌의 신경 세포 중 절반이 들어 있는 뇌의 한 부위이다. 크기는 작지만 밀도가 높고, 지각과 자율운동신경 기능을 통합한다. 들어오고 나가는 정보를 새로 고치고 계산을 하느라 항상 분주하다. 최근 감정이나 기억, 언어, 사회적 교류 등과 같은 다양한 뇌기능의 리듬과 연속성을 유지시킬 뿐만 아니라 똑바로 걷는 데에도 중요한 역할을 한다는 사실이 밝혀졌다.

소뇌 인지 정동 증후군 cerebellar cognitive affective syndrome : 소뇌에 병변이 있는 환자가 실행력 이상 공간인지 장애, 인격변화, 언어장애 등을 보이는 신경학적 장애이다. 과소운동 및 무언어증 등의 다양한 이상행동을 보인다.

수초 myelin sheaths : 뉴런의 돌기를 말아 싸고 있는 덮개. 하나의 뉴런에서 다른 뉴런으로 전달되는 전기 신호가 누출되거나 흩어지지 않게 보호한다.

스키너 B. F. Skinner : 행동주의 심리학자. 그는 지렛대를 누르면 먹이가 나오는 상자 속에 쥐를 넣어 실험을 하였다. 여러 가지 행동을 하던 쥐는 지렛대-먹이 관계에 익숙해지면서 지렛대를 누르는 행동을 많이 하게 되었다. 이를 통해 스키너는 먹이가 쥐의 행동을 반복시키는 '강화'의 역할을 한다는 것을 발견했다. 그는 사람도 어떤 행동을 반복하게 되는 것이 행동의 결과로 얻는 강화물 때문이라고 결론을 내렸다. 즉 사람들은 어떤 행동에 대해 보상=대가가 주어지면 그 행동을 계속하고, 아무런 보상이 없거나 처벌을 받게 되면 그 행동을 중단 또는 하지 않으려 한다는 것이다.

시냅스 synapse : 한 뉴런의 축삭돌기와 다른 뉴런의 수상돌기가 만나는 지점이다. 축삭돌기에서는 전기적인 자극이 화학적 신호로 바뀌어서 신경전달물질이 시냅스 간격 너머로 지령을 전달한다. 수상돌기에서는 화학적 신호가 다시 전기적 자극으로 전환되어 지령을 받은 뉴런은 임무를 수행한다.

신경 가소성 neuroplasticity : 환경적 자극에 의해 뉴런 사이의 연결성이 강화되거나 약화되는 것을 의미한다. 기존에 연결되어 있던 신경망이 순서를 바꾸거나 재배치되기 때문에 '가소성(plasticity)'이라는 용어로 표현된다. 출생 직후 가장 활발하게 나타나는 현상으로, 강한 자극을 받으면 거의 활동을 하지 않던 시냅스가 활발해지고, 활발해진 시냅스는 이후에도 똑같은 상태를 유지하게 된다.

신경전형적 neurotypical in psychiatry : 평범한 사람의 뇌를 일컫는 말. 정신과에서 통계에 따라 정상-비정상이라고 진단하는 것은 '정상'에 대한 가치 판단이 들어간 것임을 지적하며, 뇌의 기능을 담당하는 신경 연결에서 독특함보다 전형성典型性을 강조하는 말이다.

양극성 장애 bipolar disorder : 기분장애의 하나이다. 지나치게 들뜨는 조증 상태와 기분이 가라앉는 울증 상태가 일정 기간 동안 번갈아가며 양극단에서 나타나기 때문에 양극성 장애 혹은 조울증이라고 불린다.

운동 측정 장애 dysmetria : 소뇌 질환의 하나로 신체 운동의 결과를 정확하게 예측하는 능력이 상실되는 장애이다. 눈을 감은 채 손가락을 코끝에 대거나, 팔을 뻗어 특정 사물에 닿을 수 있는지 여부를 판단하는데 현저한 어려움을 겪는다.

응용행동분석 applied behavioral analysis : 자폐스펙트럼 장애나 언어발달지연 등 발달적으로 특이행동이 증상으로 나타나는 경우 개인화된 행동 치료 중재를 하기 위해 개발된 치료법. 일상생활 및 학습, 언어능력, 사회성 문제에 이르기까지 광범위한 영역을 다룬다. 행동치료는 문제행동을 유발한 요인을 소거하고 교정된 행동에 대한 보상을 줌으로써 행동을 강화하는 것을 기본 목적으로 한다. 강화, 소거, 행동형성, 개별구분시도 등 기존의 행동치료보다 다양한 방법을 사용하므로 구분하여 응용행동분석이라고 부른다. 아동 발달과제와 문제행동에서 수정해야 할 표적행동을 결정하고 그에 대한 장단기 목표를 설정하면서 중재방법, 강화방법을 선정하는 방식으로 치료가 이루어진다.

작업집중회로 task-positive network : 저자들이 기본상태회로의 상대적 개념으로 사용하는 표현. 특정 업무에 몰두할 때 활성화되는 신경망을 의미하며, 저자들은 작업집중회로의 문제로 ADHD 성향의 행동적 특성을 서술하고 있다.

전두피질 frontal cortex : 이마 뒤편부터 정수리 부근에 있는 뇌의 부위. 전두엽이라고도 한다. 고도의 추상적 능력과 기억, 우선순위 판단, 충동 억제, 주의력 등의 고위 인지 기능을 담당하며, 언어 산출에도 핵심적인 역할을 하여 '뇌의 CEO'라고 불린다. 특히 인간은 큰 전두엽을 가지고 있어서 다른 영장류와 구별된다.

전전두피질 prefrontal cortex : 전두엽의 앞부분을 덮고 있는 피질. 의사 결정, 계획, 작업 기능, 정보 통합, 행동 수행, 이성적 사고 등 사회적 행동 조율과 관련된 기능을 하기에 이를 통합하여 '집행기능'이라고 부른다. 전두피질은 다른 포유동물에도 있지만, 전전두피질은 고위 인지 기능을 가진 영장류, 즉 인간과 유인원 이상의 고등 동물에게만 존재한다.

전정 기관 vestibular system : 몸의 운동감각이나 위치감각을 감지하여 뇌에 전달하는 기관으로, 내이(內耳) 안쪽의 달팽이관과 반고리관 사이에 있다. 몸의 가속이나 회전 등을 파악하여 신체의 균형을 유지하도록 돕기 때문에 평형기관이라고도 한다.

전정-소뇌 시스템 vestibulo-cerebellar system : 신체의 위치, 균형 상태에 대한 정보를 바탕으로 적절한 신체적 활동을 할 수 있도록 협응하기 위한 시스템. 전정 기관은 신체 위치와 균형 상태에 대한 정보를 주고, 소뇌는 이를 토대로 운동을 계획한다.

커넥톰 connectome : 뇌 안의 모든 신경 세포들 사이의 연결망에 대한 지도.

파국적 사고: 단순한 말이나 행동에 기초하여 파국적인 결론을 이끌어 내는 인지적 사고 오류 중 하나. 극단적인 흑백논리로 이어진다.

해마 hippocampus: 학습, 기억과 관련한 핵심 뇌 영역이다. 1953년 몰라이슨이라는 환자는 뇌전증을 치료하기 위해 뇌 일부를 잘라내는 수술을 받았다. 문제는 잘려나간 뇌 부위에 해마가 포함되었다는 것이다. 이 환자는 깨어나서 수술 전의 일은 기억했지만, 수술 이후의 일을 전혀 장기기억으로 저장하지 못하게 되었다. 방금 전의 일도 기억할 수 없어, 수술 이전의 시간에 갇히게 된 것이다. 이 사례를 통해 해마가 새로운 기억을 저장하는데 핵심적인 역할을 한다는 것을 알게 되었다. 이에 대한 장기적인 연구를 통해 작업기억, 단기기억, 장기기억 등의 구분이 생기게 되었다.

행동주의 심리학 behaviorism: 관찰 불가능한 내적 상태 혹은 유년 시절의 동기 등 주관적인 진술에 의해서 인간 심리를 파악해 나가려는 프로이드의 정신분석학적 입장에 대항해 나타난 심리학 사조. 파블로프, 스키너 등이 주요 학자로서, 내적 심리 상태보다는 행동을 관찰하고 해석하여 심리 현상을 파악해 심리학을 객관적인 관찰이 가능한 과학의 영역으로 편입시켰다. 보상과 처벌에 의해 행동이 변화된다는 '행동주의적 학습 이론'을 정립해 학습심리학의 발전에 지대한 영향을 끼쳤으며, 이와 관련해 '스키너의 상자'가 널리 알려져 있다.

후방대상피질 posterior cingulate cortex: 기본상태회로의 핵심적인 역할을 하는 뇌 영역이다. 정서적 반응을 담당하는 변연계의 위편에 지붕처럼 길게 자리하고 있다. 과거에 대한 분석, 특히 일화 기억 활성화 및 통증에 대한 조절 등 다양한 인지적이고 정서적 기능에 관여한다.

| 더 읽으면 좋을 책들 |

ADHD 어린이, 청소년에게 권하는 책

Dendy, Chris A. Zeigler, and Alex Zeigler, *A Bird's-Eye View of Life with ADD and ADHD: Advice from Young Survivors,* Cedar Bluff, AL: Cherish the Children, 2003. (크리스 A. 지글러 덴디, 알렉스 지글러 지음. 김세주, 김민석 옮김, 《주의력결핍.과잉행동 장애의 이해》, 시그마프레스, 2007)

Hallowell, Edward M., M.D., *A Walk in the Rain with a Brain,* New York: Regan Books/HarperCollins, 2004.

Lowry, Mark, and Martha Bolton, *Piper's Night Before Christmas, West Monroe,* LA: Howard Publishing, 1998.

Mooney, Jonathan, and David Cole, *Learning Outside the Lines,* New York: Touchstone, 2000.

Moss, Deborah. *Shelley, the Hyperactive Turtle,* Bethesda, MD: Woodbine House, 1989. (데보라 M. 모스 글, 캐롤 스워츠 그림, 김선희 옮김 《과잉행동 거북이 셜리–ADHD(주의력결핍.과잉행동장애) 어린이를 위한 책》)

ADHD 자녀를 둔 부모에게 권하는 책

Barkley, Russell A., Ph.D., *Taking Charge of ADHD: The Complete, Authoritative Guide for Parents,* New York: Guilford Press, 2000.

Braaten, Ellen, and Brian Willoughby, *Bright Kids Who Can't Keep Up,* New York: Guilford Press, 2014.

Brooks, Robert, Ph.D., and Sam Goldstein, Ph.D., *Raising Resilient Children: Fostering Strength, Hope, and Optimism in Your Child,* New York: McGraw-Hill/Contemporary Books, 2002.

Flink, David, *Thinking Differently,* New York: HarperCollins, 2014.

Galinsky, Ellen, *Mind in the Making: The Seven Essential Life Skills Every Child Needs,* New York: HarperStudio, 2010. (엘렌 갤린스키 지음, 김아영 옮김, 문용린 감수, 《내 아이를 위한 7가지 인생 기술》 랜덤하우스코리아, 2011.)

Goldrich, Cindy, *8 Keys to Parenting Children with ADHD,* New York: W. W. Norton, 2015.

Greene, Ross, Ph.D., *The Explosive Child,* New York: HarperCollins, 1998.

Hallowell, Edward M., M.D., *The Childhood Roots of Adult Happiness,* New York: Ballantine, 2003. (에드워드 할로웰 지음, 정경옥 옮김, 《아이를 행복한 어른으로 자라게 하는 5단계》, 이론과실천 2010.)

Hallowell, Edward M., M.D., and Peter Jensen, *Superparenting for ADD: An Innovative Approach to*

Raising Your Distracted Child, New York: Ballantine, 2008.

Jensen, Peter S., M.D., *Making the System Work for Your Child with ADHD.* New York: Guilford Press, 2004.

Kenney, Lynne, and Wendy Young, *Bloom: 50 Things to Say, Think, and Do with Anxious, Angry, and Over-the-Top-Kids,* Boca Raton, FL: HCI Press, 2015.

Krauss, Elaine, and Diane Dempster, *Parenting ADHD Now! Easy Intervention Strategies to Empower Kids with ADHD,* New York: Althea Press, 2016.

Morin, Amanda, *The Everything Parent's Guide to Special Education: A Complete Step-by-Step Guide to Advocating for Your Child with Special Needs,* Avon, MA: Adams Media, 2014.

Morin, Amanda, *The Everything Kids' Learning Activities Book: 145 Entertaining Activities and Learning Games for Kids,* Avon, MA: Adams Media, 2013.

Silver, Larry, M.D., *Dr. Larry Silver's Advice to Parents on ADHD,* New York: Three Rivers Press, 1999.

Volpitta, Donna M., and Joel David Haber, Ph.D., *The Resilience Formula: A Guide to Proactive, Not Reactive, Parenting,* Chester, PA: Widener, 2012.

Wilens, Timothy E., M.D., *Straight Talk About Psychiatric Medications for Kids.* 4th ed., New York: Guilford Press, 2016.

ADHD 성인에게 권하는 책

Barkley, Russell A., Ph.D., *Attention-Deficit Hyperactivity Disorder: A Handbook for Diagnosis and Treatment.* 4th ed., New York: Guilford Press, 2014.

Barkley, Russell A., Ph.D., and C. M. Benton, *Taking Charge of Adult ADHD,* New York: Guilford Press, 2010.

Hallowell, Edward M., M.D., and Sue Hallowell, LICSW, with Melissa Orlov, *Married to Distraction: How to Restore Intimacy and Strengthen Your Partnership in an Age of Interruption,* New York: Ballantine, 2010.

Hartmann, Thom, *Attention Deficit Disorder: A Different Perception,* Nevada City, CA: Underwood Books, 1997.

Kelly, Kate, and Peggy Ramundo, *You Mean I'm Not Lazy, Stupid, or Crazy?! A Self-Help Book for Adults with Attention Deficit Disorder,* New York: Scribner, 1996.

Kolberg, Judith, and Kathleen Nadeau, Ph.D., *ADD-Friendly Ways to Organize Your Life.* East Sussex, UK: Brunner-Routledge, 2002.

Novotni, Michele, Ph.D., *What Does Everybody Else Know That I Don't? Social Skills Help for Adults with Attention Deficit/Hyperactivity Disorder (AD/HD),* Forest Lake, MN: Specialty Press, 1999.

Solden, Sari, M.S., LMFT, *Women with Attention Deficit Disorder. 2nd ed.*, Ann Arbor: Introspect Press, 2012.

Solden, Sari, M.S., LMFT. *Journeys Through ADDulthood.* London: Walker, 2002.

ADHD 일반에 대한 책

Brown, T. E., *Attention Deficit Disorder: The Unfocused Mind in Children and Adults,* New Haven: Yale University Press, 2005.

Brown, T. E., *Smart but Stuck: Emotions in Teens and Adults with ADHD,* Hoboken, NJ: Jossey-Bass/Wiley, 2014.

Corman, C. A., and Edward M. Hallowell, M.D., *Positively ADD: Real Success Stories to Inspire Your Dreams,* London: Walker, 2006.

Dawson, P., and R. Guare. *Smart but Scattered: The Revolutionary "Executive Skills" to Helping Kids Reach Their Potential,* New York: Guilford Press, 2009.

Dendy, Chris A. Zeigler, *Teenagers with ADD: A Parents' Guide,* Bethesda, MD: Woodbine House, 1995.

Gallagher, R., H. B. Abikoff, and E. G. Spira, *Organizational Skills Training for Children with ADHD: An Empirically Supported Treatment,* New York: Guilford Press, 2014.

Hallowell, Edward M., M.D., and John J. Ratey, M.D., *Driven to Distraction: Recognizing and Coping with Attention Deficit Disorder from Childhood Through Adulthood,* New York: Pantheon, 1994.

Hallowell, Edward M., M.D., and John J. Ratey, M.D, *Answers to Distraction.* New York: Bantam, 1996.

Hallowell, Edward M., M.D., and John J. Ratey, M.D., *Delivered from Distraction.* New York: Ballantine, 2005.

Hinshaw, S. P., and K. Ellison, *ADHD: What Everyone Needs to Know,* New York: Oxford University Press, 2015.

Hinshaw, S. P., and R. M. Scheffler, *The ADHD Explosion: Myths, Medication, Money, and Today's Push for Performance,* New York: Oxford University Press, 2014.

Jensen, Peter S., M.D., and James R. Cooper, M.D., eds, *Attention Deficit Hyperactivity Disorder: State of the Science, Best Practices.* Kingston, NJ: Civic Research Institute, 2002.

Kaufman, C., *Executive Function in the Classroom,* Baltimore: Brookes Publishing, 2010.

Kohlberg, J., and K. Nadeau, *ADD-Friendly Ways to Organize Your Life,* East Sussex, UK: Brunner-Routledge, 2002.

Lavoie, Richard, *It's So Much Work to Be Your Friend: Helping the Child with Learning Disabilities Find*

Social Success, New York: Touchstone, 2006.

Lovecky, D., *Different Minds: Gifted Children with ADHD, Asperger's Syndrome, and Other Learning Deficits,* London: Jessica Kingsley, 2004.

Matlen, Terry, *The Queen of Distraction: How Women with ADHD Can Conquer Chaos, Find Focus, and Get More Done,* Oakland, CA: New Harbinger, 2014.

Nadeau, K., and P. Quinn, eds, *Understanding Women with ADHD,* San Diego: Advantage Books, 2002.

Orlov, Melissa, *The ADHD Effect on Marriage,* Boca Raton, FL: Specialty Press/ADD WareHouse, 2010.

Quinn, P., *Coaching,* San Diego: Advantage Books, 2000.

Ratey, John J., M.D., and Eric Hagerman, *Spark: The Revolutionary New Science of Exercise and the Brain,* Boston: Little, Brown, 2008. (존 레이티, 에릭 헤이거먼 지음, 이상헌 옮김, 김영보 감수, 《운동화 신은 뇌-뇌를 젊어지게 하는 놀라운 운동의비밀》, 녹색지팡이, 2009)

Richardson, W., *The Link Between ADD and Addiction,* Seattle: Piñon Press, 1997.

Rief, S. F., *How to Reach and Teach Children with ADD/ADHD.* 2nd ed., Hoboken, NJ: Jossey-Bass, 2005.

Schultz, J., *Nowhere to Hide: Why Kids with ADHD and LD Hate School and What to Do About It,* Hoboken, NJ: Jossey-Bass, 2011.

Sleeper-Triplett, J., *Empowering Youth with ADHD: Your Guide to Coaching Adolescents and Young Adults, for Coaches, Parents, and Professionals,* Forest Lake, MN: Specialty Press, 2010.

Solden, Sari, M.S., LMFT. *Women with Attention Deficit Disorder.* 2nd ed. Ann Arbor: Introspect Press, 2012.

Surman, C., and T. Bilkey, *Fast Minds: How to Thrive If You Have ADHD (or Think You Might),* New York: Berkley Books, 2014.

Tuckman, A., *More Attention, Less Deficit: Success Stories for Adults with ADHD,* Boca Raton, FL: Specialty Press, 2009.

Vail, Priscilla, *Smart Kids with School Problems: Things to Know and Ways to Help,* New York: Plume, 1989.

Wilens, Timothy E., M.D., *Straight Talk About Psychiatric Medications for Kids.* 4th ed., New York: Guilford Press, 2016.

| 참고 문헌 |

머리말

Barkley, Russell A., Ph.D. "Reduced Life Expectancy in ADHD." Interview. *Carlat Child Psychiatry Report,* January 2020.

1장 ADHD 증상의 스펙트럼

Barkley, Russell A., Ph.D. *Taking Charge of ADHD: The Complete, Authoritative Guide for Parents.* 4th ed. New York: Guilford Press, 2020.

Barkley, Russell A., Ph.D. *When an Adult You Love Has ADHD: Professional Advice for Parents, Partners, and Siblings.* Washington, DC: American Psychological Association Press, 2016.

Hedden, T., and J.D.E. Gabrieli. "The Ebb and Flow of Attention in the Human Brain." *Nature Neuroscience* 2006;9 863–65. https://www .nature.com/articles/nn0706-863.

Jackson, Maggie. *Distracted: Reclaiming Our Focus in a World of Lost Attention.* Amherst, NY: Prometheus Books, 2018.

Matlen, Terry. *The Queen of Distraction: How Women with ADHD Can Conquer Chaos, Find Focus, and Get More Done.* Oakland, CA: New Harbinger, 2014.

Poole, Jim, M.D., FAAP. *Flipping ADHD on Its Head: How to Turn Your Child's "Disability" into Their Greatest Strength.* Austin, TX: Greenleaf Book Group Press, 2020.

Solden, Sari, M.S., LMFT. *Women with Attention Deficit Disorder.* 2nd ed. Ann Arbor: Introspect Press, 2012.

Spiegelhalter, David. *The Art of Statistics: How to Learn from Data.* New York: Basic Books, 2019. (데이 비드 스피겔할터 지음, 권혜승.김영훈 옮김, 《숫자에 약한 사람들을 위한 통계학 수업 — 데이터에서 세상을 읽어내는 법》, 웅진지식하우스, 2020)

Vail, Priscilla L. *Smart Kids with School Problems: Things to Know and Ways to Help.* New York: Plume, 1989. (An all-time classic.)

2장 마음속 악마를 이해하기

Boyatzis, R. E., K. Rochford, and A. I. Jack. "Antagonistic Neural Networks Underlying Differentiated Leadership Roles." *Frontiers in Human Neuroscience* 2014 Mar 4;8:114. https://www.frontiersin.org / articles/10.3389/fnhum.2014.00114/full.

Chai, X. J., N. Ofen, J.D.E. Gabrieli, and S. Whitfield-Gabrieli. "Selective Development of Anticorrelated

Networks in the Intrinsic Functional Organization of the Human Brain." *Journal of Cognitive Neuroscience* 2014 Mar;26(3):501–13. https://pubmed.ncbi.nlm.nih .gov/23812094/.

Chai, X. J., N. Ofen, J.D.E. Gabrieli, and S. Whitfield-Gabrieli. "Development of Deactivation of the Default-Mode Network During Episodic Memory Formation." *NeuroImage* 2014 Jan 1;84:932–38. https://pubmed.ncbi.nlm.nih.gov/24064072/.

Kumar, J., S. J. Iwabuchi, B. A. Völlm, and L. Palaniyappan. "Oxytocin Modulates the Effective Connectivity Between the Precuneus and the Dorsolateral Prefrontal Cortex." *European Archives of Psychiatry and Clinical Neuroscience* 2019 Feb 7. https://link.springer.com/article /10.1007/s00406-019-00989-z.

Mattfeld, A. T., J.D.E. Gabrieli, J. Biederman, T. Spencer, A. Brown, A. Kotte, E. Kagan, and S. Whitfield-Gabrieli. "Brain Differences Between Persistent and Remitted Attention-Deficit/Hyperactivity Disorder." *Brain* 2014 Sep;137(Pt 9):2423–28. https://pubmed.ncbi .nlm.nih.gov/24916335/.

Raichle, Marcus. "The Brain's Default Mode Network." *Annual Review of Neuroscience* 2015 July;38:433–47. https://www.annualreviews .org/doi/10.1146/annurev-neuro-071013-014030.

Tryon, Warren. *Cognitive Neuroscience and Psychology: Network Principles for a Unified Theory.* Cambridge, MA: Academic Press, 2014.

3장 소뇌 연결

Chevalier, N., V. Parent, M. Rouillard, F. Simard, M. C. Guay, and C. Verret. "The Impact of a Motor-Cognitive Remediation Program on Attentional Functions of Preschoolers with ADHD Symptoms." *Journal of Attention Disorders* 2017 Nov;21(13):1121–29. http://journals .sagepub.com/doi/abs/10.1177/1087054712468485.

Guell, X., J.D.E. Gabrieli, and J. D. Schmahmann. "Embodied Cognition and the Cerebellum: Perspectives from the Dysmetria of Thought and the Universal Cerebellar Transform Theories." *Cortex* 2018 Mar; 100:140–48. https://pubmed.ncbi.nlm.nih.gov/28779872/.

Schmahmann, Jeremy D. "The Cerebellum and Cognition." *Neuroscience Letters* 2019 Jan 1;688:62–75. https://neuro.psychiatryonline.org/doi /full/10.1176/jnp.16.3.367.

Schmahmann, Jeremy D. "Disorders of the Cerebellum: Ataxia, Dysmetria of Thought, and the Cerebellar Cognitive Affective Syndrome." *Journal of Neuropsychiatry and Clinical Neurosciences* 2004;16(3):367–78. https://neuro .psychiatryonline.org/doi/full/10.1176/jnp.16.3.367.

Schmahmann, Jeremy D. J. B. Weilburg, and J. C. Sherman. "The Neuropsychiatry of the Cerebellum—Insights from the Clinic." *Cerebellum* 2007;6(3): 254–67. https://link.springer.com/article/10.1080%2F1473422070 1490995.

4장 연결의 치유력

The Adverse Childhood Experiences Study. https://acestoohigh.com/2012 /10/03/the-adverse-childhood-experiences-study-the-largest-most -important-public-health-study-you-never-heard-ofbegan-in-an -obesity-clinic/.

Christakis, Nicholas A., M.D., Ph.D., and James H. Fowler, Ph.D. *Connected: How Your Friends' Friends' Friends Affect Everything You Feel, Think, and Do*. Boston: Little, Brown, 2009. (니컬러스 A. 크리스타키스, 제임스 파울러 지음, 이충호 옮김, 《행복은 전염된다》, 김영사, 2010)

Harding, Kelli. *The Rabbit Effect: Live Longer, Healthier, and Happier with the Groundbreaking Science of Kindness*. New York: Atria Books, 2019.(켈리 하딩 지음, 이현주 옮김, 《다정함의 과학-친절, 신뢰, 공감 속에 숨어 있는 건강과 행복의 비밀》, 더퀘스트, 2022)

"How Family Dinners Improve Students' Grades." https://www.ec tutoring.com/resources/articles/family-dinners-improve-students -grades.

Kumar, J., S. J. Iwabuchi, B. A. Völlm, and L. Palaniyappan. "Oxytocin Modulates the Effective Connectivity Between the Precuneus and the Dorsolateral Prefrontal Cortex." *European Archives of Psychiatry and Clinical Neuroscience* 2019 Feb 7. https://link.springer.com/article /10.1007/s00406-019-00989-z.

Lieberman, Matthew D. Social: *Why Our Brains Are Wired to Connect*. New York: Broadway Books, 2014. (매튜 D. 리버먼 지음, 최호영 옮김, 《사회적 뇌 인류 성공의 비밀》, 시공사, 2015)

Murthy, Vivek H., M.D. Together: *The Healing Power of Connection in a Sometimes Lonely World*. New York: Harper Wave, 2020. (비벡 H. 머시 지음, 이주영 옮김, 《우리는 다시 연결되어야 한다 – 외로움은 삶을 무너뜨리는 질병》, 한국경제신문, 2020)

Rowe, John Wallis, M.D., and Robert L. Kahn, Ph.D. *Successful Aging*. New York: Pantheon, 1998.

Vaillant, George. *Triumphs of Experience: The Men of the Harvard Grant Study*. Cambridge, MA: Belknap Press of Harvard University Press, 2015. (조지 베일런트 지음, 최천석 옮김, 《행복의 비밀-75년에 걸친 하버드대학교 인생관찰보고서》, 21세기 북스, 2013)

5장 도전 과제를 정확하게 찾기

Bloom, Benjamin S. *Developing Talent in Young People*. New York: Ballantine, 1985. (A classic.)

Brooks, David. *The Road to Character*. New York: Random House, 2015.

Hallowell, Edward M., M.D. Shine: *Using Brain Science to Get the Best from Your People*. Cambridge, MA: Harvard Business Review Press, 2011.

Kolbe, Kathy. *Conative Connection: Uncovering the Link Between Who You Are and How You Perform*. Phoenix, AZ: Kolbe Corporation, 1997.

6장 최상의 환경을 만들라

Campbell, T. Colin, and Thomas M. Campbell II. *The China Study: Revised and Expanded Edition: The Most Comprehensive Study of Nutrition Ever Conducted and the Startling Implications for Diet, Weight Loss, and Long-Term Health*. Dallas, TX: BenBella Books, 2016. (콜린 캠벨, 토마스 캠벨 지음, 유자화, 홍

원표 옮김, 이의철 감수, 《무엇을 먹을 것인가 - 단백질과 암에 관한 역사상 가장 획기적인 연구, 개정판》, 열린과학, 2020)

Frates, Beth, M.D., et al. *The Lifestyle Medicine Handbook: An Introduction to the Power of Healthy Habits.* Monterey, CA: Healthy Learning, 2018. (베스 프레이츠 외 지음, 《생활습관의학 핸드북 - 건강습관의 파워에 관한 개론, 개정판》 이승현 옮김, 대한생활습관의학교육원, 2022)

Maguire, Caroline, PCC, M.Ed. *Why Will No One Play with Me? The Play Better Plan to Help Children of All Ages Make Friends and Thrive.* New York: Grand Central Publishing, 2019.

Vaillant, George E., M.D. *Aging Well: Surprising Guideposts to a Happier Life from the Landmark Harvard Study of Adult Development.* Boston: Little, Brown, 2003. (조지 베일런트 지음, 이덕남 옮김, 이시형 감수, 《행복의 조건 - 하버드대학교, 인간성장보고서, 그들은 어떻게 오래도록 행복했을까?》, 프런티어, 2010)

7장 운동을 하라: 집중하기 위해, 동기를 부여하기 위해

Brewer, J. A., P. D. Worhunsky, J. R. Gray, Y. Y. Tang, J. Weber, and H. Kober. "Meditation Experience Is Associated with Differences in Default Mode Network Activity and Connectivity." *Proceedings of the National Academy of Sciences of the United States of America* 2011 Dec 13;108(50):20254–59. https://pubmed.ncbi.nlm.nih.gov /22114193/.

Chevalier, N., V. Parent, M. Rouillard, F. Simard, M. C. Guay, and C. Verret. "The Impact of a Motor-Cognitive Remediation Program on Attentional Functions of Preschoolers with ADHD Symptoms." *Journal of Attention Disorders* 2017 Nov;21(13):1121–29. http://journals .sagepub.com/doi/abs/10.1177/1087054712468485.

Chou, C. C., and C. J. Huang. "Effects of an 8-Week Yoga Program on Sustained Attention and Discrimination Function in Children with Attention Deficit Hyperactivity Disorder." *PeerJ* 2017 Jan 12;5:e2883. https://pubmed.ncbi.nlm.nih.gov/28097075/.

Hölzel, B. K., J. Carmody, M. Vangel, C. Congleton, S. M. Yerramsetti, T. Gard, and S. W. Lazar. "Mindfulness Practice Leads to Increases in Regional Brain Gray Matter Density." *Psychiatry Research* 2011 Jan 30;191(1):36–43. https://pubmed.ncbi.nlm.nih.gov/21071182/.

Levin, K. "The Dance of Attention: Toward an Aesthetic Dimension of Attention-Deficit." *Integrative Psychological and Behavioral Science* 2018 Mar;52(1):129–51. https://link.springer.com/article/10.1007 %2Fs12124-017-9413-7.

Mailey, E. L., D. Dlugonski, W. W. Hsu, and M. Segar. "Goals Matter: Exercising for Well-Being but Not Health or Appearance Predicts Future Exercise Among Parents." *Journal of Physical Activity and Health* 2018 Nov 1;15(11):857–65. https://journals.humankinetics.com /view/journals/jpah/15/11/article-p857.xml.

Ratey, John J., M.D., and Eric Hagerman. Spark: *The Revolutionary New Science of Exercise and the Brain.* Boston: Little, Brown, 2008. (존 레이티, 에릭 헤이거먼 지음, 이상헌 옮김, 김영보 감수, 《운동화 신은 뇌-뇌를 젊어지게 하는 놀라운 운동의비밀》, 녹색지팡이, 2009)

Suarez-Manzano, S., A. Ruiz-Ariza, M. De la Torre-Cruz, and E. J. Martínez-López. "Acute and Chronic

Effect of Physical Activity on Cognition and Behaviour in Young People with ADHD: A Systematic Review of Intervention Studies." *Research in Developmental Disabilities* 2018 Jun;77:12–23. https:// pubmed.ncbi.nlm.nih.gov /29625261/.

8장 강력하지만 두려운 도구, 약

Alexander, Bruce K. The Globalization of Addiction: *A Study in Poverty of the Spirit.* New York: Oxford University Press, 2008.

Biederman, J., M. C. Monuteaux, T. Spencer, T. E. Wilens, H. A. Macpherson, and S. V. Faraone. "Stimulant Therapy and Risk for Subsequent Substance Use Disorders in Male Adults with ADHD: A Naturalistic Controlled 10-Year Follow-Up Study." *American Journal of Psychiatry* 2008;165:597–603. https://ajp.psychiatryonline.org /doi/10.1176/appi.ajp.2007.07091486.

Cortese, S., et al. "Comparative Efficacy and Tolerability of Medications for Attention-Deficit Hyperactivity Disorder in Children, Adolescents, and Adults: A Systematic Review and Network Meta-Analysis." *Psychiatry* 2018 Sep;5(9):727–38. https://www.thelancet .com/journals/lanpsy/article/ PIIS2215-0366(18)30269-4/fulltext.

Fay, T. B., and M. A. Alpert. "Cardiovascular Effects of Drugs Used to Treat Attention-Deficit/ Hyperactivity Disorder, Part 2: Impact on Cardiovascular Events and Recommendations for Evaluation and Monitoring." *Cardiology in Review* 2019 Jul/Aug;27(4):173–78. https://pubmed.ncbi.nlm.nih. gov/30531411/.

Foote, Jeffrey, Ph.D., Carrie Wilkens, Ph.D., and Nicole Kosanke, Ph.D. *Beyond Addiction: How Science and Kindness Help People.* New York: Scribner, 2014.

Kolar, D., A. Keller, M. Golfinopoulos, L. Cumyn, C. Syer, and L. Hechtman. "Treatment of Adults with Attention-Deficit/Hyperactivity Disorder." *Neuropsychiatric Disease and Treatment* 2008 Feb;4(1):107–21. https://pubmed.ncbi.nlm.nih.gov/18728745/.

Pollan, Michael. *How to Change Your Mind.* New York: Penguin Press, 2018.

Sederer, Lloyd. *The Addiction Solution.* New York: Scribner, 2019.

Shaw, M., P. Hodgkins, H. Caci, S. Young, J. Kahle, A. G. Woods, and L. E. Arnold. "A Systematic Review and Analysis of Long-Term Outcomes in Attention Deficit Hyperactivity Disorder: Effects of Treatment and Non-Treatment." *BMC Medicine* 2012 Sep 4;10:99. https://bmcmedicine.biomedcentral. com/articles/10.1186/1741 -7015-10-99.

Szalavitz, Maia. Unbroken Brain: *A Revolutionary New Way of Understanding Addiction.* New York: Picador, 2017.

Westbrook, A., R. van den Bosch, J. I. Määttä, L. Hofmans, D. Papadopetraki, R. Cools, and M. J. Frank. "Dopamine Promotes Cognitive Effort by Biasing the Benefits Versus Costs of Cognitive Work." *Science* 2020 Mar 20;367(6484):1362–66. https://science.sciencemag .org/content/367/6484/1362.

Wilens, Timothy E., M.D. *Straight Talk About Psychiatric Medications for Kids.* 4th ed. New